中文版3ds max/VRay/Photoshop
园林景观效果图表现案例详解（2022版）

麓山文化 编著

机械工业出版社

本书主要讲解使用 3ds max、VRay 和 Photoshop 进行园林景观效果图表现的方法和技巧。

为了照顾初学者，本书首先通过花盆、花窗、凉亭、石桥、拉膜、喷泉等简单的园林景观元素实例，讲解 3ds max 基本的操作和常用的建模方法，然后通过别墅庭院、小区园林日景及鸟瞰滨海广场等完整的园林景观表现经典案例，全面剖析了日景、黄昏、鸟瞰等不同视角、不同风格、不同类型的园林效果图的表现流程和技术。通过学习不同场景的材质设置、场景布光和 VRay 渲染，以及 Photoshop 后期处理，读者可以全面提升园林景观效果图的表现能力与水平，轻松制作出照片级别的园林效果图作品。

本书除提供了全书所有案例的场景文件、贴图和后期素材外，还赠送了全书实例近840min 的高清语音视频教程，手把手的课堂讲解，可以成倍地提高学习兴趣和效率。

本书可供想进入和正从事园林景观效果图表现工作的初、中级读者阅读，特别适合于有一定的软件操作基础，想进一步提高园林效果图表现水平的读者。

图书在版编目（CIP）数据

中文版 3ds max / VRay / Photoshop 园林景观效果图表现案例详解：2022版/麓山文化编著. —北京：机械工业出版社，2022.1
ISBN 978-7-111-69560-8

Ⅰ.①中… Ⅱ.①麓… Ⅲ.①园林设计－计算机辅助设计-应用软件 Ⅳ.①TU986.2-39

中国版本图书馆 CIP 数据核字(2021)第 230417 号

机械工业出版社（北京市百万庄大街 22 号　邮政编码 100037）
策划编辑：曲彩云　　责任编辑：曲彩云
责任校对：刘秀华　　责任印制：李　昂
北京中兴印刷有限公司印刷
2022 年 1 月第 1 版第 1 次印刷
184mm×260mm · 23 印张 · 569 千字
标准书号：ISBN 978-7-111-69560-8
定价：89.00 元

电话服务　　　　　　　　　网络服务
客服电话：010-88361066　　机 工 官 网：www.cmpbook.com
　　　　　010-88379833　　机 工 官 博：weibo.com/cmp1952
　　　　　010-68326294　　金 书 网：www.golden-book.com
封底无防伪标均为盗版　　机工教育服务网：www.cmpedu.com

前　言

■ **关于园林设计**

　　随着社会的发展，经济的繁荣和文化水平的提高，人们对自己所居住、生存的环境表现出越来越普遍的关注，并提出越来越高的要求。特别是久居钢筋水泥都市的现代人，面对紧张的都市生活、巨大的工作压力，更是无限向往回归自然，去体验大自然的原始和寂静，感受自在悠闲的休闲时光。于是园林设计就发展成为一门值得深入学习和研究的学科。园林设计这门学科所涉及的知识面较广，它包括文学、艺术、生物、生态、工程、建筑等诸多领域，同时，又要求综合各学科知识统一于园林艺术之中。

　　园林效果图是表达园林设计的重要手段。从某种意义上讲，园林效果图是室外效果图中的一种。但是，在制作的具体过程中，园林效果图与室外效果图的制作方法又存在着明显的差别。

　　本书介绍了园林景观设计的理论知识和园林景观效果图的制作方法，并通过实战帮助读者快速了解并掌握使用中文版 3ds max + VRay + Photoshop 制作效果图的技巧。

■ **本书内容**

　　第 1 章 介绍了园林景观设计的基础知识，包括园林景观设计的概念、历史和发展。

　　第 2 章 介绍了园林景观效果图的制作软件和制作流程。

　　第 3 章 详细介绍了 3ds max 2020 软件的基础知识和基本操作。

　　第 4 章 系统讲解了 VRay 渲染器的材质、灯光及渲染面板。

　　第 5 章 讲解了园林元素的制作，包括花盆、花窗、亭子、拱桥、拉膜和喷泉的制作。

　　第 6 章 讲解了别墅庭院景观表现效果图的制作全过程，包括模型的创建、摄影机创建、赋予材质、布置灯光、输出和后期处理的全过程。

　　第 7 章 讲解了小区景观效果图黄昏效果的表现。

　　第 8 章 讲解了滨海广场景观鸟瞰效果图的表现，包括材质的赋予、灯光布置及后期处理的方法。

　　本书内容由浅入深，循序渐进地引导初学者快速入门，逐步提高效果图制作技术，使广大读者更加全面地了解园林景观效果图的制作方法和技巧。

■ **本书特色**

　　零点起步　轻松入门：本书内容讲解循序渐进、通俗易懂、易于入手，每个重要的知识点都采用实例讲解，读者可以边学边练，通过实际操作理解各种功能的实际应用。

　　实战演练　逐步精通：安排了行业中大量经典的实例，通过实例示范来提升读者的实战经验。实例串起多个知识点，可以提高读者应用水平，使其快步迈向高手行列。

　　视频教学　身临其境：附赠资源内容丰富超值，不仅有实例的素材文件和结果文件，还有由专业领域的工程师录制的全程同步语音视频教学，让您仿佛亲临教学课堂。

超值赠送　在线答疑：赠送全书所有素材和效果文件，并提供 QQ 群：375559705 免费在线答疑，让读者轻松学习、答疑无忧。

■ 配套资源

本书物超所值，随书附赠以下资源（扫描"资源下载"二维码即可获得下载方式）：

配套教学视频：配套高清语音教学视频总时长 840min。读者可以先通过教学视频学习本书内容，然后对照本书加以实践和练习，以提高学习效率。

本书案例的文件和完成素材：书中所有案例均提供了源文件和素材，读者可以使用 3ds max 打开和编辑。

资源下载

■ 本书编者

本书由麓山文化编著，由于编者水平有限，书中不足、疏漏之处在所难免。在感谢读者选择本书的同时，也希望读者能够把对本书的意见和建议告诉我们。

读者服务邮箱：lushanbook@qq.com

读者 QQ 群：375559705

读者交流

群名称:麓山书院⑥三维设计群
群　号:375559705

目 录

第 3 章　3ds max 软件基础

第 4 章　了解 VRay 渲染器

第 5 章　园林元素的制作

第8章 滨海广场景观表现

第1章

园林景观设计概述

随着社会的发展，经济的繁荣和文化水平的提高，人们对自己所居住、生存的环境表现出越来越普遍的关注，并提出越来越高的要求。作为一门环境艺术，园林设计的目的就是为了创造出景色如画、环境舒适、健康文明的优美环境。

作为全书的开篇，本章将介绍园林设计的一些基础知识，使读者对园林设计和各式园林的特点和组成有一个大概的了解。

1.1 园林设计基础

园林设计是一门研究如何应用艺术和技术手段处理自然、建筑和人类活动之间的复杂关系，使其达到和谐完美、生态良好、景色如画之境界的一门学科。园林设计这门学科所涉及的知识面非常广，它包含文学、艺术、生物、生态、工程、建筑等诸多领域。

1.1.1 园林设计概念

园林，就是在一定的地域运用工程技术和艺术的手段，通过改造地形（或进一步筑山、叠石、理水）、种植树木花草、营造建筑和布置园路等途径创作而成的美的自然环境和游憩境域。园林包括庭园、宅园、小游园、花园、公园、植物园、动物园等，随着园林学科的发展，还包括森林公园、风景名胜区、自然保护区和国家公园的游览区以及休养胜地。

按照现代人的理解，园林不只是作为游憩之用，而且具有保护和改善环境的功能。植物可以吸收二氧化碳，放出氧气，净化空气；能够在一定程度上吸收有害气体、吸附尘埃、减轻污染；可以调节空气的温度、湿度，改善小气候；还有减弱噪声和防风、防火等防护作用。尤为重要的是园林在人们心理上和精神上的有益作用，游憩在景色优美和安静的园林中，有助于消除长时间工作带来的紧张和疲乏，使脑力和体力均得到恢复。此外，园林中的文化、游乐、体育、科普教育等活动，更可以丰富知识、充实精神生活。

1.1.2 园林的分类

古今中外的园林，尽管内容极其丰富多样，风格也各自不同，如果按照山、水、植物、建筑四者本身的经营和它们之间的组合关系来加以考查，则不外乎以下四种形式。

1. 规整式园林

此种园林的规划讲究对称均齐的严整性，讲究几何形式的构图。建筑物的布局固然是对称均齐的，即使植物配置和筑山理水也按照中轴线左右均衡的几何对位关系来安排，着重于强调园林总体和局部的图案美，如图 1-1 所示。

图 1-1　规整式园林

2. 风景式园林

此种园林的规划与前者恰好相反，讲究自由灵活而不拘一格。一种情况是利用天然的山水地貌并加以适当的改造和剪裁，在此基础上进行植物配置和建筑布局，着重于精炼而概括地表现天然风致之美。另一种情况是将天然山水缩移并模拟在一个小范围之内，通过"写意"式的再现手法而得到小中见大的园林景观效果。我国的古代园林大多属于风景式园林，如图 1-2 所示。

图 1-2　风景式园林

3. 混合式园林

混合式园林即为规整式与风景式相结合的园林，如图 1-3 所示。

图 1-3　混合式园林

4. 庭园

以建筑物从四面或三面围合成一个庭院空间，在这个比较小而封闭的空间里面点缀山池，配置植物。庭院与建筑物特别是主要厅堂的关系很密切，可视为室内空间向室外的延伸。

1.1.3 园林设计的原则

"适用、经济、美观"是园林设计必须遵循的原则。

在园林设计过程中，"适用、经济、美观"三者之间不是孤立的，而是紧密联系不可分割的整体。单纯的追求"适用、经济"，不考虑园林艺术的美感，就要降低园林艺术水准，失去吸引力，不受广大群众的喜欢；如果单纯地追求美观，不全面考虑到适用和经济问题，就可能产生某种偏差或缺乏经济基础而导致设计方案成为一纸空文。所以，园林设计工作必须在适用和经济的前提下，尽可能地做到美观，美观必须与适用、经济协调起来，统一考虑，最终创造出理想的园林艺术作品。

1.1.4 园林设计的发展趋势

随着社会的发展，新技术的崛起和进步，园林设计也必须要适应新时代的需要。在城市环境日益恶化的今天，以生态学的原理和实践为依据，将是园林设计的发展趋势。

1. 生态化

近年来，"生态化设计"一直是人们关心的热点，也是疑惑之点。生态设计在建筑设计和园林景观设计领域尚处于起步阶段，对其概念的阐释也是各有不同。概括起来，一般包含两个方面：

● 用生态学原理来指导设计。

● 使设计的结果在对环境友好的同时又满足人类需求。

生态化设计就是继承和发展传统园林景观设计的经验，遵循生态学的原理，建设多层次、多结构、多功能的科学植物群落，建立人类、动物、植物相关联的新秩序，使其在对环境的破坏影响最小的前提下，达到生态美、科学美、文化美和艺术美的统一，为人类创造清洁、优美、文明的景观环境。

2. 人性化

人性化设计是以人为轴心，注意提升人的价值，尊重人的自然需要和社会需要的动态设计哲学。在以人为中心的问题上，人性化的考虑也是有层次的，以人为中心不是片面的考虑个体的人，而是综合的考虑群体的人，社会的人，考虑群体的局部与社会的整体结合，社会效益与经济效益相结合，使社会的发展与更为长远的人类的生存环境的和谐与统一。

因此，人性化设计应该是站在人性的高度上把握设计方向，以综合协调园林设计所涉及的深层次问题。

人性化设计更大程度地体现在设计细节上，如各种配套服务设施是否完善，尺度问题，材质的选择等。近年来，我们可喜地看到，为方便残疾人的轮椅车上下行走及盲人行走，很多城市广场、街心花园都进行了无障碍设计，如图 1-4 所示。但目前我国景观设计在这方面仍不够成熟，如有一些过街天桥台阶宽度的设计缺乏合理性，迈一步太小，迈两步不够，不论多大年龄的人走起来都非常费力。另外，一些有一定危险的地方所设的防护拦过低，遇到有大型活动人多相互拥挤时，容易发生危险和不测。

图 1-4　人性化园林设计

总而言之，在整个园林设计过程中，应该始终围绕着"以人为本"的理念进行每一个细部的规划设计。"以人为本"的理念不只局限在当前的规划，服务于当代的人类，而且应是长远的、尊重自然的、维护生态的，以切实为人类创造可持续发展的生存空间。

1.1.5 园林设计构成要素

任何一种艺术和设计学科都具有特殊的固有的表现方法。园林设计也一样，正是利用这些手法将作者的构思、情感、意图变成舒适优美的环境，供人观赏、游览。

一般来说，园林的构成要素包括五大部分：地形、水体、园林建筑、道路和植物。这五大要素通过有机组合，构成一定特殊的园林形式，成为表达某一性质、某一主题思想的园林作品。

1. 地形

地形是园林的基底和骨架，主要包括平地、土丘、丘陵、山峦、山峰、凹地、谷地、坞、坪等类型。地形因素的利用和改造，将影响到园林的形式、建筑的布局、植物配植、景观效果等因素，如图 1-5 所示。

图 1-5　不同地形园林

总的来说，地形在园林设计中可以起到如下的作用：

骨架作用

地形是构成园林景观的骨架，是园林中所有景观元素与设施的载体，它为园林中其它景观要素提供了赖以存在的基面。地形对建筑、水体、道路等的选线、布置等都有重要的影响。地形坡度的大小、坡面的朝向也往往决定建筑的选址及朝向。因此，在园林设计中，要根据地形合理地布置建筑、配置树木等。

空间作用

地形具有构成不同形状、不同特点园林空间的作用。地形因素直接制约着园林空间的形成。地块的平面形状、竖向变化等都影响园林空间的状况，甚至起到决定性的作用。如在平坦宽阔的地形上形成的空间一般是开敞空间，而在山谷地形中的空间则必定是闭合空间。

景观作用

作为造园诸要素载体的底界面，地形具有扮演背景角色的作用。如一块平地上的园林建筑、小品、道路、树木、草坪等形成一个个的景点，而整个地形则构成此园林空间诸景点要素的共同背景。除此之外，地形还具有许多潜在的视觉特性，通过对地形的改造和组合，形成不同的形状，可以产生不同的视觉效果。

2．水体

我国园林以山水为特色，水因山转，山因水活。水体能使园林产生很多生动活泼的景观，形成开朗明镜的空间和透景线，如图 1-6 所示，所以也可以说水体是园林的灵魂。

水体可以分为静水和动水两种类型。静水包括湖、池、塘、潭、沼等形态；动水常见的形态有河、湾、溪、渠、涧、瀑布、喷泉、涌泉、壁泉等。另外，水声、倒影等也是园林水景的重要组成部分。水体中还可形成堤、岛、洲、渚等地貌。

园林水体在住宅绿化中的表现形式为：喷水、跌水、流水、池水等。其中喷水包括水池喷水、旱池喷水、浅池喷水、盆景喷水、自然喷水、水幕喷水等；跌水包括假山瀑布、水幕墙等。

图 1-6　园林水体

3. 园林建筑

园林建筑，主要指在园林中成景的，同时又为人们赏景、休息或起交通作用的建筑和建筑小品的设计，如园亭、园廊等，如图 1-7 所示。园林建筑不论单体或组群，通常是结合地形、植物、山石、水池等组成景点、景区或园中园，它们的形式、体量、尺度、色彩以及所用的材料等，同所处位置和环境的关系特别密切。

从园林中所占面积来看，建筑是无法和山、水、植物相提并论的。它之所以成为"点睛之笔"，能够吸引大量的浏览者，就在于它具有其他要素无法替代的、最适合于人活动的内部空间，是自然景色的必要补充。

图 1-7　园林建筑

4. 植物

植物是园林设计中有生命的题材，是园林构成必不可少的组成部分。植物要素包括各种乔木、灌木、草本花卉和地被植物、藤本攀缘植物、竹类、水生植物等，如图 1-8 所示。

植物的四季景观，本身的形态、色彩、芳香、习性等都是园林的造景题材。

图 1-8　园林植物

5．广场和道路

广场与道路、建筑的有机组织，对于园林的形成起着决定性的作用。广场与道路的形式可以是规则的，也可以是自然的，或自由曲线流线形的。广场和道路系统将构成园林的脉络，并且起到园林中交通组织、联系的作用，如图 1-9 所示。广场和道路有时也归纳到园林建筑元素内。

图 1-9　广场和道路

1.2 中西园林的比较

中西园林由于历史背景和文化传统的不同而风格迥异、各具特色。尽管中国园林有北方皇家园林和江南私家园林之分，且呈现出诸多差异，而西方园林因历史发展不同阶段而有古代、中世纪、文艺复兴园林等不同风格。但从整体上看，中、西方园林由于在不同的哲学、美学思想支配下，其形式、风格差别还是十分鲜明的。

1.2.1 人工美与自然美

中、西园林从形式上看其差异非常明显。西方园林所体现的是人工美，不仅布局对称、规则、严谨，就连花草都修整得方方正正，从而呈现出一种几何图案美。从现象上看，西方造园主要是立足于用人工方法改变其自然状态。中国园林则完全不同，既不求轴线对称，也没有任何规则可循，相反却是山环水抱，曲折蜿蜒，不仅花草树木任自然之原貌，即使人工建筑也尽量顺应自然而参差错落，力求与自然融合，以体现自然美，如图 1-10 所示。

图 1-10　中西方园林

1.2.2 形式美与意境美

由于对自然美的态度不同，反映在造园艺术上的追求便有所侧重了。西方造园虽不乏诗意，但刻意追求的却是形式美；中国造园虽也重视形式，但倾心追求的却是意境美。

西方人认为自然美有缺陷，为了克服这种缺陷而达到完美的境地，必须凭借某种理念去提升自然美，从而达到艺术美的高度。也就是一种形式美。早在古希腊，哲学家毕达哥拉斯就从数的角度来探求和谐，并提出了黄金率。罗马时期的维特鲁威在他的论述中也提到了比例、均衡等问题，提出："比例是美的外貌，是组合细部时适度的关系"。文艺复兴时的达芬奇、米开朗琪罗等人还通过人体来论证形式美的法则。而黑格尔则以"抽象形式的外在美"为命题，对整齐一律、平衡对称、符合规律、和谐等形式美法则作抽象、概括。于是形式美的法则就有了相当的普遍性。它不仅支配着建筑、绘画、雕刻等视觉艺术，甚至对音乐、诗歌等听觉艺术也有很大的影响。因此与建筑有密切关系的园林更是奉之为金科玉律。西方园林那种轴线对称、均衡的布局，精美的几何图案构图，强烈的韵律节奏感都明显地体现出对形式美的刻意追求。

中国造园则注重"景"和"情"，"景"自然也属于物质形态的范畴。但其衡量的标准则要看能否借它来触发人的情思，从而具有诗情画意般的环境氛围即"意境"。这显然不同于西方造园追求的形式美，这种差异主要是因为中国造园的文化背景。古代中国没有专门的造园家，自魏晋南北朝以来，由于文人、画家的介入使中国造园深受绘画、诗词和义学的影响。而诗和画都十分注重于意境的追求，致使中国造园从一开始就带有浓厚的感情色彩。清人王国维说："境非独景物也，喜怒哀乐亦人心中之一境界，故能写真景物、真感情者谓之有境界，否则谓之无境界"。意境是要靠"悟"才能获取，而"悟"是一种心智活动，"景无情不发，情无景不生"，因此造园的经营要旨就是追求意境。一个好的园林，无论是中国或西方的，都必然会令人赏心悦目，但由于侧重不同，西方园林给我们的感觉是悦目，而中国园林则意在赏心。

1.3 中国古典园林的分类

中国古代园林，或称中国传统园林或古典园林。它历史悠久，文化含量丰富，个性特征鲜明，而又多采多姿，极具艺术魅力，为世界三大园林体系之最。在中国古代各建筑类型中它可算得上是艺术的极品。在近五千年的历史长河里，留下了它深深的履痕，也为世界文化遗产宝库增添了一颗璀璨夺目的东方文明之珠。

中国古典园林的分类，从不同角度看，可以有不同的分类方法，但一般有两种分类法。

1.3.1 按占有者身份划分

按占有者身份划分，可以分为皇家园林和私家园林。

1. 皇家园林

皇家园林是专供帝王休息享乐的园林。皇家园林的创建以清代康熙、乾隆时期最为活跃。古人讲普天之下莫非王土，在统治阶级看来，国家的山河都是属于皇家所有的。所以其特点是规模宏大，真山真水较多，园中建筑色彩富丽堂皇，建筑体型高大。现存为著名皇家园林有：北京的颐和园、北京的北海公园、河北承德的避暑山庄，如图 1-11 和图 1-12 所示。

图 1-11　颐和园

图 1-12　承德避暑山庄

2. 私家园林

私家园林是供皇家的宗室外戚、王公官吏、富商大贾等休闲的园林。其特点是规模较小，所以常用假山假水，建筑小巧玲珑，表现其淡雅素净的色彩。私家园林是以明代建造的江南园林为主要成就，现存的私家园林，如苏州的拙政园、留园、沧浪亭、网狮园，上海的豫园等，如图 1-13 和图 1-14 所示。

图 1-13　拙政园

图 1-14　沧浪亭

1.3.2 按所处地理位置划分

按园林所处地理位置划分可以分为北方园林、江南园林和岭南园林。

1. 北方园林

北方园林因地域宽广,所以范围较大,又因大多为百郡所在,所以建筑富丽堂皇。因自然气象条件所局限,河川湖泊、园石和常绿树木都较少。由于风格粗犷,所以秀丽媚美则显得不足。北方园林的代表大多集中于北京、西安、洛阳、开封,其中尤以北京为代表,如图1-15所示。

图 1-15　北方园林

2. 江南园林

江南园林因南方人口较密集,所以园林地域范围小,又因河湖、园石、常绿树较多,所以园林景致较细腻精美。其特点为明媚秀丽、淡雅朴素、曲折幽深,但究竟面积小,略感局促。南方园林的代表大多集中于南京、上海、无锡、苏州、杭州、扬州等地,其中尤以苏州为代表,如图1-16所示。

图 1-16　苏州园林

3. 岭南园林

岭南园林因其地处亚热带,终年常绿,又多河川,所以造园条件比北方、岭南都好。其明显的特点是具有热带风光,建筑物都较高而宽敞。现存岭南类型园林有著名的广东顺德的清晖园、东莞的可园、番禺的余荫山房等,如图1-17所示。

图 1-17　岭南园林

1.4 中国古典园林的建筑形式

园林中的建筑有十分重要的作用，它可满足人们生活享受和观赏风景的愿望。中国古典园林中的建筑一方面要可行、可观、可居、可游，一方面起着点景、隔景的作用，使园林移步换景、渐入佳境，以小见大，又使园林显得自然、淡泊、恬静、含蓄。园林中的建筑形式多样，有堂、厅、楼、阁、馆、轩、斋、榭、舫、亭、廊、桥、墙等，在现代园林设计中常见的有榭、舫、廊、亭、桥和墙等。

1.4.1 榭

榭，即水榭，是指供游人休息、观赏风景的临水园林建筑，多借周围景色构成，一般都是在水边筑平台，平台周围有矮栏杆，屋顶通常用卷棚歇山式，檐角低平，显得十分简洁大方。榭的功用以观赏为主，又可作休息的场所。

中国园林中水榭的典型形式是在水边架起平台，平台一部分架在岸上，一部分伸入水中。平台跨水部分以梁、柱凌空架设于水面之上。平台临水围绕低平的栏杆，或设鹅颈靠椅供坐憩凭依。平台靠岸部分建有长方形的单体建筑（此建筑有时整个覆盖平台），建筑的面水一侧是主要观景方向，常用落地门窗，开敞通透。既可在室内观景，也可到平台上游憩眺望。屋顶一般为造型优美的卷棚歇山式。

建筑立面多为水平线条，以与水平面景色相协调。例如苏州拙政园的芙蓉榭，如图1-18 所示。

北京颐和园内"谐趣园"中的"洗秋"和"饮绿"则是位于曲尺形水池的转角处，以短廊相接的两座水榭，相互陪衬，连成整体，形象小巧玲珑，与水景配合得宜，如图1-19 所示。

图 1-18　水榭 1

图 1-19　水榭

1.4.2 舫

　　园林建筑中舫是仿照船的造型建在园林水面上的建筑物，供游玩宴饮、观赏水景之用。舫的前半部多三面临水，船头有眺台，作赏景之用；中间是下沉式，两侧有长窗，供休息和宴客之用；尾部有楼梯，分作两层，下实上虚。舫像船而不能动，所以又名"不系舟"。江南修造园林多以水为中心，造园家创造出了一种类似画舫的建筑形象，游人身处其中，能取得仿佛置身舟楫的效果。这样就产生了"舫"这种园林建筑。在中国江南园林中，苏州拙政园的"香洲"、怡园的"画舫斋"是比较典型的实例，如图 1-20 所示。

图 1-20　舫

1.4.3 廊

　　在中国园林艺术中，廊是指屋檐下的过道及其延伸成独立的有顶的过道，是一种"虚"的建筑形式，建造于园林中的称为园廊。在园林中，廊不仅作为个体建筑联系室内外的手段，而且还常成为各个建筑之间的联系通道，把园内各单体建筑连在一起，成为园林内游览路线的组成部分。它既有遮荫避雨、休息、交通联系的功能，又起组织景观、分隔空间、增加风景层次的作用。常见的有木结构、砖石结构、钢及混凝土结构、竹结构等。廊顶有坡顶、平顶和拱顶等，中国园林中廊的形式和设计手法丰富多样，按结构形式可以分为：单面空廊、双面空廊、复廊、双层廊和单支柱廊五种，从平面来看，又可分为直廊、曲廊和回廊等，如图 1-21 所示。

图 1-21　廊

1. 单面空廊

　　单面空廊有两种，一种是一侧完全贴在墙或者建筑物边缘处，另一种是在双面空廊的一侧列柱间砌上实墙或半实墙而成。单面空廊的廊顶有时做成单坡形，以利于排水，如图 1-22 所示。

2. 双面空廊

双面空廊两侧均为列柱，没有实墙，在廊中可以观赏两面的景色。直廊、曲廊和回廊都可以采用双面空廊，如图 1-23 所示。

图 1-22 单面空廊   图 1-23 双面空廊

3. 复廊

复廊是在双面空廊的中间夹一道墙，就成了复廊，又称"外廊"，因为廊内分成两条走道，所以廊的跨度大些。中间墙上开有各种各样的漏窗，从廊的一边透过漏窗可以看到廊的另一边的景色，一般设置两边景物各不相同的园林空间，如图 1-24 和图 1-25 所示。

图 1-24 复廊 1   图 1-25 复廊 2

4. 双层廊

双层廊是指上下两层的廊，也称"楼廊"。它为游人提供了在上、下两层不同高度的廊观赏景色的条件，也便于联系不同标高的建筑物或风景点以组织人流，可以丰富园林建筑空间构造。

1.4.4 亭

亭是一种中国传统建筑，多建于路旁，供行人休息、乘凉或观景用。亭一般为开敞性结构，没有围墙，顶部可分为六角、八角、圆形等多种形状。体积小巧，造型别致，可建于园林的任何地方，其主要用途是供人休息、避雨。亭子的结构简单，其柱间通透开辟，柱身下设半墙。从亭的平面来看，可分为正多边形亭、长方形亭和近长方形亭、圆亭和近圆亭、组合式亭等，从立体构形来说，又可分为单檐、重檐和三重檐等类型。

园中设亭，关键在位置。亭是园中"点睛"之物，所以多设在视线交接处。如苏州网师园，从射鸭廊入园，隔池就是"月到风来亭"，形成构图中心。又如拙政园水池中的"荷风四面亭"，四周水面空阔，在此形成视觉焦点，加上两面有曲桥与之相接，形象自然显要。山顶、水涯、湖心、松荫、竹丛、花间都是布置园林建筑的合适地点，在这些地方筑亭，一般都能构成园林空间中美好的景观艺术效果，如图 1-26 和图 1-27 所示。

图 1-26　亭 1

图 1-27　亭 2

1.4.5 桥

园林中的桥，可以联系风景点的水陆交通，组织游览线路，变换观赏视线，点缀水景，增加水面层次，兼有交通和艺术欣赏的双重作用。园桥在造园艺术上的价值，往往超过交通功能。

在自然山水园林中，桥的布置同园林的总体布局、道路系统、水体面积占全园面积的比例、水面的分隔或聚合等密切相关。园桥的位置和体型要和景观相协调。大水面架桥，又位于主要建筑附近的，宜宏伟壮丽，重视桥的体型和细部的表现；小水面架桥，宜轻盈质朴，简化其体型和细部。水面宽广或水势湍急者，桥宜较高并加栏杆；水面狭窄或水流平缓者，桥宜低并可不设栏杆。水陆高差相近处，平桥贴水，过桥有凌波信步亲切之感；沟壑断崖上危桥高架，能显示山势的险峻。水体清澈明净，桥的轮廓需考虑倒影；地形平坦，桥的轮廓宜有起伏，以增加景观的变化。此外，还要考虑人、车和水上交通的要求。

园桥的基本形式有平桥、拱桥、亭桥（廊桥）和汀步等。

1．平桥

平桥，外形简单，有直线形和曲折形，结构有梁式和板式。板式桥适于较小的跨度，如北京颐和园谐趣园瞩新楼前跨小溪的石板桥，简朴雅致。跨度较大的就需设置桥墩或柱，上安木梁或石梁，梁上铺桥面板。曲折形的平桥，是中国园林中所特有的，不论三折、五折、七折、九折，通称"九曲桥"。其作用不在于便利交通，而是要延长游览行程和时间，以扩大空间感，在曲折中变换游览者的视线方向，做到"步移景异"。也有的用来陪衬水上亭榭等建筑物，如上海城隍庙九曲桥，如图 1-28 所示。

图 1-28　上海城隍庙九曲桥夜景

2．拱桥

拱桥，造型优美，曲线圆润，富有动态感。单拱的如北京颐和园玉带桥，拱券呈抛物线形，桥身用汉白玉，桥形如垂虹卧波。多孔拱桥适于跨度较大的宽广水面，常见的多为三、五、七孔，著名的颐和园十七孔桥，如图 1-29 所示，长约 150m，宽约 6.6m，连接南湖岛，丰富了昆明湖的层次，成为万寿山的对景。河北赵州桥的"敞肩拱"是中国首创，在园林中仿此形式的有很多。

图 1-29　颐和园十七孔桥

3．亭桥

亭桥（廊桥），指的是加建在亭廊的桥，称为亭桥或廊桥，可供游人遮阳避雨，又增加桥的形体变化。亭桥如杭州西湖三潭印月，在曲桥中段转角处设三角亭，巧妙地利用了转角空间，给游人以小憩之处；扬州瘦西湖的五亭桥，多孔交错，亭廊结合，形式别致。廊桥有的与两岸建筑或廊相连，如苏州拙政园"小飞虹"；有的独立设廊，如桂林七星岩前的花桥。苏州留园曲溪楼前的一座曲桥上，覆盖紫藤花架，成为风格别具的"绿廊桥"，如图 1-30 所示。

4．汀步

汀步，又称步石、飞石。浅水中按一定间距布设块石，微露水面，使人跨步而过。园林中运用这种古老渡水设施，质朴自然，别有情趣。将步石美化成荷叶形，称为"莲步"，桂林芦笛岩水榭旁有这种设施，如图 1-31 所示。

图 1-30 亭桥（廊桥）

图 1-31 汀步

5．其他形式桥

其他形式的桥如内蒙古扎兰屯人民公园内有钢索吊桥；武汉东湖风景区有仿名画《清明上河图》虹桥结构建成的"叠梁拱桥"；还有天然石梁、石拱构成的天然桥等，如图 1-32 所示。

图 1-32 吊桥

1.4.6 墙

　　园林的围墙，用于划分内外范围、分隔内部空间和遮挡劣景的作用。墙的造型丰富多彩，精巧的园墙还可装饰园景，常见的有粉墙和云墙。粉墙外饰白灰以砖瓦压顶；云墙呈波浪形，以瓦压饰。墙上常设漏窗，窗景多姿，墙头、墙壁也常有装饰。

　　中国传统园林的墙，按材料和构造可分为版筑墙、乱石墙、磨砖墙、白粉墙等。分隔院落空间多用白粉墙，墙头配以青瓦。用白粉墙衬托山石、花木，犹如在白纸上绘制山水花卉，意境尤佳。园墙与假山之间可近可离，各有其妙。园墙与水面之间宜有道路、石峰、花木点缀，景物映于墙面和水中，可增加意趣。产竹地区常就地取材，用竹编园墙，既经济又富有地方色彩，但不够坚固耐久，不宜作永久性园墙。

　　园墙的设置多与地形结合，平坦的地形多建成平墙，坡地或山地则就势建成阶梯形，为了避免单调，有的建成波浪形的云墙。划分内外范围的园墙内侧常用土山、花台、山石、树丛、游廊等把墙隐蔽起来，使有限空间产生无限景观的效果，如图 1-33 所示。

图 1-33　云墙

第 2 章

园林景观效果图表现基础

园林设计是一个专业性较强的领域，设计师在设计的过程中会使用一些专业性较强的符号、图形来表达自己的设计思想，这些符号和图像对于不具有专业知识的人来说是难以理解的。

园林设计效果图是园林设计的产物，由于园林设计平面图的专业性，了解园林设计就需要一个比平面图更加形象直观的方式，园林设计效果图就是园林设计平面图的实物图像展现形式。

2.1 园林效果图的作用

园林设计效果图是建筑效果图的一种。手绘是早期园林设计效果图的主要制作方法，在制作过程中首先勾画出建筑的轮廓，然后填充不同的颜色。手绘园林设计效果图需要制作者具有较强的美术功底，如图 2-1 和图 2-2 所示。

图 2-1　手绘效果图 1

图 2-2　手绘效果图 2

随着计算机技术的发展和人们要求的提高，效果图的制作方法有了很大改进，目前，效果图的制作主要依靠计算机软件。使用计算机软件制作出的效果图更加精确，制作过程更加容易，已经成为效果图制作的主流方法，不管有没有美术功底都可以应用计算机来完成效果图的制作，如图 2-3 所示。

图 2-3　计算机绘制的园林效果图

2.2 园林效果图欣赏

效果图是建筑设计者在建筑结构、建筑材料使用以及颜色搭配等方面设计理念的表现。因此，优秀的效果图必须能够反映出设计师的设计基本理念。

效果图的分类有多种，按照效果图功能划分可以分为宣传性效果图、艺术性效果图和研究性效果图等；按照建筑形式划分，可以分为古典园林效果图、城市规划效果图、主题公园效果图、民居建筑效果图和商业建筑效果图等形式。

2.2.1 古典园林效果图

园林的设计都是因地制宜，巧妙借景，使建筑具有自然风趣的环境艺术，它们是自然的艺术再现，诗法自然，融于自然，顺应自然，表现自然，这是中国古典园林体现"天人合一"的民族文化所在，是独立于世界文化艺术之林的魅力所在，也是永具艺术生命力的根本原因，如图 2-4 和图 2-5 所示。

图 2-4　古典园林效果图 1

图 2-5　古典园林效果图 2

2.2.2 城市规划效果图

现代城市规划是一个广泛的概念，它包括道路、居民住宅区、城市公园以及商业街等，这些是现代生活中必不可少的重要组成部分，在设计对象、空间、时间上的广泛性，使得它具有许多与其他艺术门类不同的特点，如图 2-6 和图 2-7 所示。

图 2-6　城市规划效果图 1

图 2-7　城市规划效果图 2

2.2.3 城市公园效果图

现代城市公园的设计同城市人民的关系十分密切，它的作用是多方面的，包括休闲娱乐、美化环境等作用。久居都市生活，人们向往回归大自然，人们渴望在领略自然风光中陶冶情操，净化心灵，升华情感，公园就是这样一种场所，如图 2-8 和图 2-9 所示。

图 2-8　城市公园效果图 1　　　　　　　　图 2-9　城市公园效果图 2

2.2.4 民居小区建筑效果图

居民小区是最为常见的建筑形式，如大杂院、农房、居民楼等都属于这一类型，居民小区是人们生活居住的综合性场所，如图 2-10 和图 2-11 所示为民居小区建筑景观效果图。

图 2-10　小区景观规划　　　　　　　　图 2-11　住宅小区效果图

2.2.5 商业建筑效果图

在现代生活中，人们的日常生活离不开商业，各种商业建筑随即出现，如图 2-12 和图 2-13 所示。

图 2-12　商业建筑效果图 1　　　　　　　　图 2-13　商业建筑效果图 2

2.3　园林景观效果图的制作软件

　　目前，用于制作效果图的软件比较多，常有的主要有 AutoCAD、3ds max、Photoshop
等软件。不同的软件具有不同的功能，使用方法当然有所差异。

2.3.1 AutoCAD 软件

　　AutoCAD 是 Autodesk 公司推出的设计软件，它以功能强大、易于操作而受用户青睐，
它广泛应用于机械设计、建筑设计、城市规划等多个领域，在园林景观效果图的制作中，
可以使用这个软件绘制出园林设计的平面图和立面图等，如图 2-14 所示。

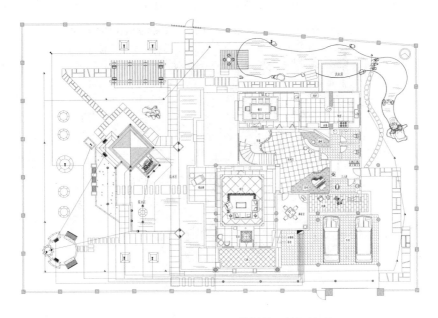

图 2-14　使用 AutoCAD 绘制的园林设计图

2.3.2 3ds max 软件

　　3ds max 作为一个成熟的三维软件，是很多效果图设计、制作者的首选软件，可以实现使用者从建模到灯光、材质，再到渲染输出的全部过程。

　　使用 3ds max 可以从多角度灵活地展示三维结构和空间关系，并且它拥有功能相对比较完善的图形修改和编辑能力，可以高效率地存储、复制和利用已有的图形或模型。

　　作为目前应用最为广泛的三维软件，3ds max 所营造的三维空间非常符合人们的视觉心理，用户很自然地将 3ds max 所营造的虚拟场景与现实生活场景联系起来，如图 2-15 和图 2-16 所示。

　　图 2-15　模拟现实 1

　　图 2-16　模拟现实 2

　　因此，从效果图模型的创建到渲染输出整个过程中，3ds max 是最常用的软件，本书使用的是中文版 3ds max 2020，其工作界面如图 2-17 所示。

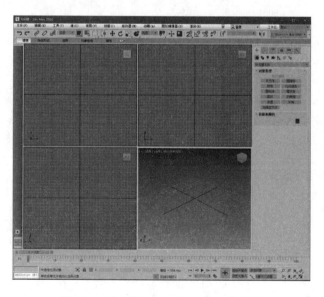
图 2-17　中文版 3ds max 2020 工作界面

2.3.3 Photoshop 软件

Photoshop 这一图像处理软件自从 20 世纪 80 年代推出就风靡全球，它是一款顶尖的平面设计与处理软件，在很多行业中都有重要应用，如平面广告设计、效果图后期处理、网页设计、数码照片处理和多媒体设计等，它几乎可以完成设计领域的所有表面工作。Photoshop2020 的启动界面如图 2-18 所示。

图 2-18　Photoshop2020 启动界面

图像编辑是图像处理的基础，可以对图像做各种变换，如放大、缩小、旋转、倾斜、镜像、透视等，也可进行复制、去除斑点、修补、修饰图像的残损等。

Photoshop 提供的绘图工具让外来图像与创意很好地融合，使图像的合成天衣无缝。校色调色是 Photoshop 中极具威力的功能之一，可方便快捷地对图像的颜色进行明暗、色偏的调整和校正。

对于园林景观效果图来说，以上几种功能都很实用，如图 2-19 和图 2-20 所示为使用 Photoshop 对 3ds max 渲染输出图片的处理前、后效果。

图 2-19　后期处理前效果　　　　　　　　图 2-20　后期处理后效果

2.4 园林效果图的制作流程

在制作效果图的过程中，计算机软件只是起到一个工具的作用，如何使用这个工具进行创作、表达自己的艺术概念，完全取决于创作者自身，因此，效果图的制作没有一个固定的、必须的先后步骤，只是在使用计算机软件制作效果图时有一个相对科学的流程，这就是平常所说的先建模，再创建摄影机、赋予材质、设置灯光、渲染输出，最后进行后期效果的处理。

2.4.1 建模

建模就是制作一个场景构件的模型，是效果图制作的基础，后面的操作都是基于模型进行再创作的。在实际工作中，比较常用的建模依据有两种，即依据 CAD 图纸建模和依据图片建模，3ds max 的建模方式常用的有三维建模、二维建模和 NURBS 曲线建模三种方式。

在 3ds max 软件中，每一种建模方式对应着多个系列的具体工具，如创建几何体面板中的工具可以创建出效果图制作中常见的简单几何体，而二维线型创建工具可以创建出复杂物体的截面，然后通过其他修改命令将其转换为复杂的三维几何体，如图 2-21 所示创建的模型实例效果。

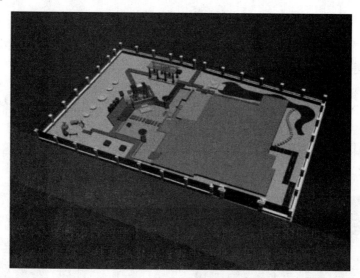

图 2-21 创建模型

1. 三维建模

三维建模是效果图制作中常用的建模方式，在创建几何体面板中通过单击 长方体 等按钮和在下拉菜单中选择不同的选项创建出不同的模型，如图 2-22 所示。

图 2-22 创建面板

下面以创建长方体为例讲述基本操作方法。

单击 长方体 按钮，在任意视口中单击并拖动鼠标，创建出一个形体后松开鼠标，继续拖动鼠标，即可创建一个长方体，在【参数】卷展栏中设置参数，如图 2-23 所示。

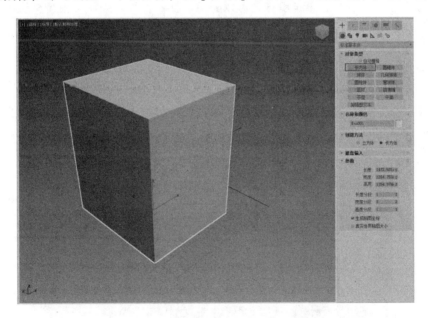

图 2-23 创建长方体

2.4.2 二维建模和 NURBS 曲线建模

在 3ds max 中，二维线型包括线、矩形和圆形等。一般情况下，二维线型是构成其他形体的基础，这是因为二维线型可以通过修改面板中添加不同的命令进行转换，具体使用方法将在实例部分详细讲述。NURBS 曲线建模方法比较特殊，使用方法在本书实例部分也有所讲述，如图 2-24 和图 2-25 所示。

 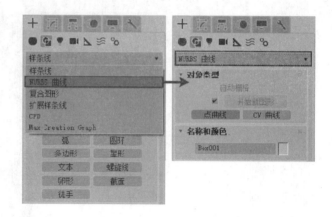

图 2-24　样条线面板　　　　　　图 2-25　NURBS 曲线面板

2.4.3 创建摄影机和制作材质

在实际工作中，这两个操作步骤是可以随意调换的，可以先赋予模型材质再创建摄影机，也可以先创建摄影机再赋予模型材质。

创建了模型后，为了使效果图有较强的表现力，往往需要在场景中添加一个或多个摄影机，以观察效果图的不同视角状态，在创建摄影机时要充分考虑构图的形态，使构图呈现出较强的层次感和立体透视感。

一般情况下，材质的制作应该根据图纸设计的外部效果进行调整制作，并需要效果图制作人员在制作过程中与设计师及时沟通，如图 2-26 所示为庭院别墅景观表现材质的编辑和摄影机的创建效果。

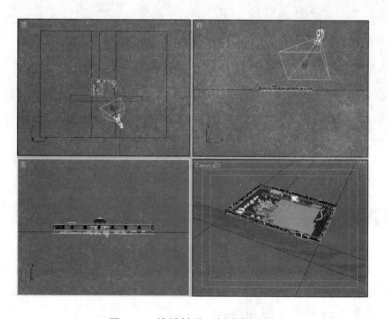

图 2-26　编辑材质、创建摄影机

2.4.4 设置灯光

在未创建灯光之前，系统有默认的灯光照明，以有效地表现场景，但此时的灯光设置并不适合于最终的效果，尤其当场景变得复杂时，它就变得无能为力。场景需要用户人为地进行处理，使灯光能充分地表现出创建物体的形状、颜色、材质及纹理。灯光是一种物体，可以像其他造型体一样被创建、修改、调整和删除。它本身不能被着色显示，但是它可以影响周围物体表面的光泽、色彩以及亮度，从而使造型体更加具有真实感。

灯光的设置是为了更好地表达场景的氛围，3ds max 中的灯光设置效果非常接近摄影中的灯光效果，通常分为主光源、辅助光、背景光和效果光，如图 2-27 和图 2-28 所示为灯光的创建面板，如图 2-29 所示为其中一个实例中创建的灯光渲染效果。

图 2-27 标准灯光面板 　　图 2-28 光度学灯光面板 　　　　图 2-29 添加灯光效果

2.4.5 渲染输出

前面几个操作步骤完成之后，需要将图片进行渲染输出，输出图片的大小要根据设计师的要求和效果图的打印尺寸而定，有时为了在渲染输出时方便，可以在【渲染场景】对话框中设置输出尺寸和路径，如图 2-30 和图 2-31 所示。

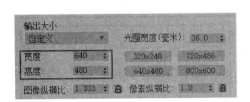 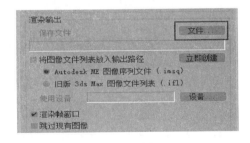

图 2-30 设置输出大小参数 　　　　　　图 2-31 设置输出路径

2.4.6 后期处理

3ds max 中渲染输出的图片会有很多不足，原因是多方面的，也许是操作的原因，也许是 3ds max 自身的软件不足造成的，为了弥补这些不足，需要进行后期处理，同时，由于有很多效果在 3ds max 中很难制作出来，而在 Photoshop 中很容易就可以制作出来，为了提高工作效率，通常选择在后期中制作，如图 2-32 和图 2-33 所示为使用 Photoshop 处理前和使用 Photoshop 处理后的效果对比。

图 2-32　使用 Photoshop 处理前效果

图 2-33　使用 Photoshop 处理后效果

第3章

3ds max 软件基础

本章主要介绍了 3ds max 软件的基础知识，包括 3ds max 软件的功能和特性、工作界面、基本操作工具，以及系统的基本相关设置，目的在于让读者在进行室内设计时尽可能地了解 3ds max 软件，并掌握软件的基本使用方法，为后面的学习做好铺垫。

3.1 3ds max 的工作界面

　　双击桌面上的 图标，启动 3ds max 2020 程序，稍后出现的窗口就是 3ds max 2020 操作界面。3ds max 是一个庞大的三维动画制作软件，功能非常强大，命令和参数众多。如果只是将它用于建筑效果图制作，大部分功能是用不上的，特别是动画制作部分，因此对于这些命令和参数，在学习过程中完全可以"置之不理"，甚至"忽略"。

　　3ds max 2020 的工作界面可以简单划分为标题栏、菜单栏、主工具栏、视图区、命令面板、动画控制区、视口导航控制区以及状态栏和提示行等部分，如图 3-1 所示。

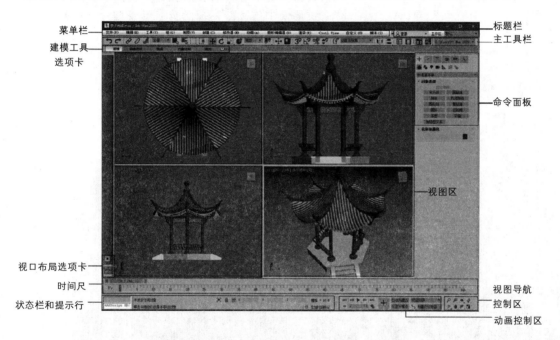

图 3-1　3ds max 工作界面

3.1.1 标题栏

　　标题栏位于界面的顶部，用户通过标题栏可以了解当前操作项目的一些基本信息。如当前操作文件的名称、存放路径、显示驱动程序以及 3ds max 的版本等，如图 3-2 所示。

图 3-2　标题栏

3.1.2 菜单栏

3ds max 菜单栏位于标题栏的下方，共有 17 项，每一项菜单的名称都直接描述了菜单命令的作用。这些菜单集中了 3ds max 的大部分常用命令，读者在实际操作时既可使用菜单栏中的命令，也可使用工具栏和命令面板中的相应工具按钮，效果完全相同。

3.1.3 主工具栏

工具栏中许多工具按钮的功能与菜单栏命令是完全相同的，但是使用工具按钮相比而言更直观、更快捷一些。其中尤以主工具栏最为常用，它包含了一些使用频率很高的工具，如变换对象工具、选择对象工具和渲染工具等，如图 3-3 所示。可以使用手形光标 🖑 拖动主工具栏以显示其他工具按钮。

图 3-3　主工具栏

> **技巧：** 移动光标至工具按钮上方，会出现有关该按钮功能的提示。

3.1.4 视图区

视图区占据了 3ds max 工作界面的大部分空间，它是用户进行创作的主要工作区域，建模、指定材质、设置灯光和摄影机等操作都需要在视图区进行。

在默认设置下，3ds max 的视图区由四个均匀划分的视图组成：顶、前、左和透视图，如图 3-4 所示。这是 3ds max 标准的视图划分方式，其中三个正视图供用户调节参数和操作对象，透视图用于观察操作结果。在视图名称上单击鼠标右键，在弹出菜单中可以选择切换为其他视图。除此之外，也可以使用快捷键进行快速切换，如切换为摄影机视图的快捷键为 C 键。

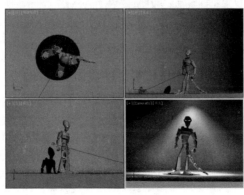

图 3-4　视图区

3.1.5 命令面板

命令面板位于屏幕的右侧，它是用户最频繁访问的区域之一，同时也是 3ds max 的核心工作区域，它包含了绝大多数工具和命令，对象的创建、修改以及动画设置等大部分工作基本上在这里完成。制作建筑效果图，使用最多的是创建面板和修改面板。单击图标按钮 ➕ 即可进入创建面板，如图 3-5 所示。从图中可以看出，创建面板由几何体 ●、图形 ●、灯光 ●、摄影机 ■ 等多个子面板组成。

图 3-5　命令面板

3.1.6 状态栏和提示行

状态栏和提示行位于屏幕的底部。状态栏主要用于显示用户目前所选择的内容。利用状态栏左侧的"选择锁定切换"按钮 🔒，还可以锁定已选择的对象，以免误选其他对象。状态栏还随时提供用户鼠标指针的位置和当前所选对象的坐标信息。提示行的主要作用是提示当前使用工具的功能，和显示当前工作状态，如图 3-6 所示。

图 3-6　状态栏和提示行

3.1.7 动画控制区和视图导航控制区

动画控制区用来记录、播放动画，以及添加关键帧、控制播放时间等，是 3ds max 动画制作必不可少的区域，在制作建筑浏览动画时也会使用到该区域，如图 3-7 所示。

视口导航控制区由八个图标按钮构成，用于调整视图的大小与角度，以满足操作的需要。导航控制区的各个按钮，会因当前激活视图的不同而不同，例如当前激活视图是摄影机视图或灯光视图时，导航控制区会显示相应的摄影机或灯光控制按钮，以便对摄影机或灯光进行调节。

图 3-7　动画控制区和视图导航控制区

3.2 3ds max 基本操作工具

3ds max 的主工具栏提供了许多场景操作的基本工具，如选择工具、复制工具、对齐工具、变换工具、阵列工具等。本节介绍这些基本工具的使用方法，使读者能够快速熟悉 3ds max 的操作界面及基本操作方法。

3.2.1 快捷键的设置

设置好自己习惯的快捷键是快速完成效果图的一个标志性步骤，在 3ds max 中内置的快捷键非常多，并且用户可以自行设置快捷键来调用常用的工具和命令。

执行"自定义"→"自定义用户界面"命令，在"自定义用户界面"对话框中选择"键盘"选项卡，在其下方的列表中选择要修改的命令，并在右侧输入相应的快捷键，单击"指定"按钮，完成快捷键的设置，如图 3-8 所示。

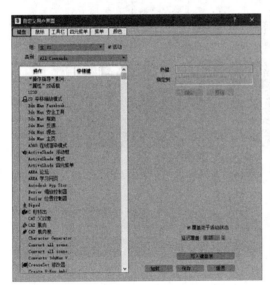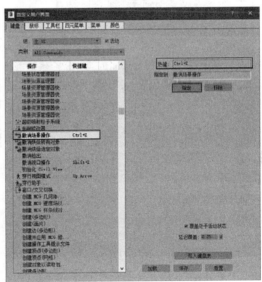

图 3-8　设置快捷键

3.2.2 选择对象

在 3ds max 中如果要对场景中的某个对象进行修改和编辑就必须先选择这个对象，才能进行各种编辑操作。

选择对象最基本的方法就是使用工具栏中"选择对象"工具，选择该工具后在场景中单击要选择的对象即可，如图 3-9 所示。

图 3-9　选择对象

按住鼠标左键，并在视口中拖动，出现一个白色虚线方框，拖动到一定范围后放开左键，这时被白色方框包围的对象将同时被选择，如图 3-10 所示。

图 3-10　范围选择

提 示：在已经选择的多个对象中使用 Alt 键可以取消选择被单击的对象，相反，使用 Ctrl 键进行加选。

3.2.3 变换对象

在 3ds max 的主工具栏中提供了很多变换操作工具，其中比较常用的变换工具有三种：✛"选择并移动"、↻"选择并旋转"、▦"选择并缩放"。利用这些工具可以改变对象在场景中的位置、方向和体积大小。

✛选择并移动：该工具是 3ds max 中十分重要的工具之一，主要用来选择并移动对象，变换对象的位置。

↻选择并旋转：该工具的作用是用来选择并旋转对象，改变对象的方向。

▦选择并缩放：该工具的主要作用是用来选择并缩放对象，改变对象的大小比例。

3.2.4 单位设置

在 3ds max 2020 中，单位设置可以分为显示单位设置和系统单位设置，只要执行"自定义"→"单位设置"命令，就可以打开该对话框，如图 3-11 所示。"单位设置"对话框建立单位显示的方式，通过它可以在通用单位和标准单位（英尺和英寸，还是公制）间进行选择。也可以创建自定义单位，这些自定义单位可以在创建任何对象时使用。设置的单位则用于度量场景中的几何体，是进行模型创建的依据。

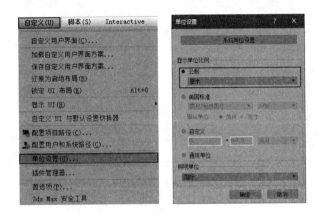

图 3-11　单位设置

单击"单位设置"对话框中的"系统单位设置"按钮，可以打开"系统单位设置"的对话框，在该对话框中可以进行系统单位的设置，系统单位是进行模型转换的依据，它是模型的实际单位，此单位是必须要设置的，如图 3-12 所示。

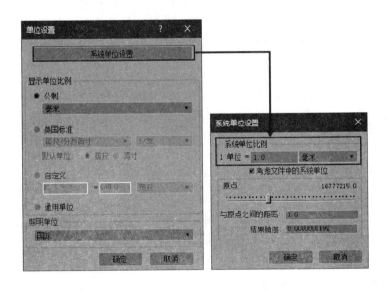

图 3-12　系统单位设置

3.2.5 群组对象

在大型场景中，模型数量很大，这时需要将众多对象合并到一个组中进行统一管理，这样整体场景中的状态就会显得更为合理化。

将需要的模型选中，单击菜单栏中的"组"→"群组"命令，在弹出的"组"对话框中对群组对象进行命名，单击"确定"按钮，完成成组的设定，如图 3-13 所示。

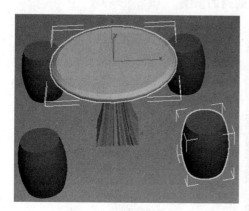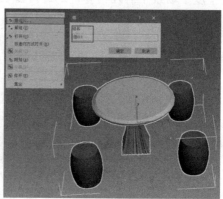

图 3-13　群组对象

3.2.6 复制对象

1.　变换工具复制

在三维模型创作过程中，经常会使用到复制功能，熟练掌握各种复制工具可以极大地提高工作效率。变换工具复制是经常使用的方法，按住 Shift 键的同时利用移动、旋转或缩放工具拖动鼠标即可将物进行变换复制，释放鼠标的同时软件会自动弹出"克隆选项"对话框，该复制的类型分为 3 种，即常规复制、实例复制、参考复制，同时还可以在对话框中设置数量。

● 常规复制

"常规复制"在复制的物体与原始对象之间是完全独立的，也就是说，复制出来的对象和原始对象互不影响，下面通过一个简单的实例来演示其使用方法。

● 实例复制

"实例复制"在效果图制作过程中使用比较频繁，复制出的物体与原始对象是相互影响的，改变其中任意一个，另外一个跟随改变。

● 参考复制

"参考复制"即改变复制物体，原始对象不跟随改变，但改变原始对象，复制物体跟随改变。它介于常规复制与关联复制之间，既有关联性，又有独立性。

2. 镜像复制

单击"镜像"将显示"镜像"对话框，使用该对话框可以在镜像一个或多个对象的方向时，移动这些对象。"镜像"对话框还可以用于围绕当前坐标系中心镜像当前选择。使用"镜像"对话框可以同时创建克隆对象。如果镜像分级链接，则可使用镜像 IK 限制的选项，如图 3-14 所示。

图 3-14　镜像

3.2.7 阵列对象

"阵列"命令将显示"阵列"对话框，使用该对话框可以基于当前选择创建对象阵列，如图 3-15 所示。

图 3-15　阵列

3.2.8 对齐对象

该工具可以将当前选定对象与目标对象进行对齐，如图 3-16 所示。

图 3-16 对齐对象

3.3 建模基础

3.3.1 基本几何体建模

3ds max 建模功能强大，方法也非常灵活，创建建筑模型时可根据建筑的特点选择相应的建模方法。本节将介绍室内效果图建模中常用的几种建模方法，如基本几何体建模、图形修改器建模、复合对象建模和多边形建模。

3ds max 提供了多种基本的几何体，包括标准的基本体和扩展基本体。许多建筑模型，如楼梯、墙体和柜台等，正是由这些简单的基本几何体组合而成的。其许多的建模方法都是从创建这些简单的几何体开始，然后通过添加修改器编辑得到所需的造型。因此，基本几何体建模是 3ds max 建模的基础，如图 3-17 所示。

图 3-17 基本几何体建模

1. 标准基本体

在 3ds max 2020 中创建标准几何体很简单，用户只要在"创建"主命令面板的下拉列表中选择"标准基本体"选项，选择要创建的基本体，然后在活动视图区中单击并拖动，就可以生成相应的三维模型。通过该主命令的面板中可以创建"长方体""球体""圆柱体"等 10 种标准基本体，如图 3-18 所示。

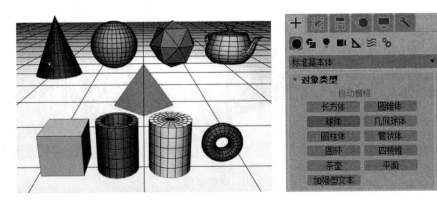

图 3-18　标准基本体

2. 扩展基本体

与标准几何体一样，扩展几何体模型的创建命令按钮也位于创建命令面板中。打开"创建"主命令面板下"几何体"中的下拉列表，选择"扩展基本体"选项，即可打开扩展三维模型的创建面板。用户同样可以通过选择相应的基本体，然后在活动视图区中单击并拖动，就可以生成相应的三维模型。通过此命令的面板中可以创建"异面体"、"切角长方体"、"环形结"等 13 种扩展三维模型，如图 3-19 所示。

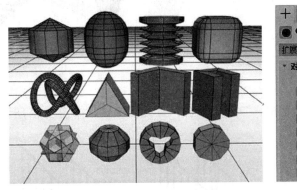

图 3-19　扩展基本体

3. 楼梯

楼梯是一种较为复杂的模型，制作此类模型时需要花费比较多的时间。在 3ds max 中提供了参数化楼梯模型，可以方便地创建出楼梯效果，不仅使模型创建更容易，而且更易于修改。在 3ds max 中可以创建四种不同类型的楼梯：螺旋楼梯、直线楼梯、L 型楼梯或 U 型楼梯。

● 螺旋楼梯

使用螺旋楼梯对象可以指定旋转的半径和数量，添加侧弦和中柱，甚至更多，螺旋楼梯效果如图 3-20 所示。

图 3-20　螺旋楼梯

● L 型楼梯

在制作"L 型楼梯"模型时，创建参数和"螺旋楼梯"一致，L 型楼梯效果如图 3-21 所示。

图 3-21　L 型楼梯

● 直线楼梯

"直线楼梯"它由一段楼梯组成，且没有平台，直线楼梯效果如图 3-22 所示。

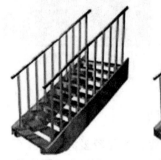

图 3-22　直线楼梯

- U 型楼梯

"U 型楼梯"和"螺旋楼梯"有类似的地方。看似楼梯的各段的分段线比较少没有产生圆弧效果，如图 3-23 所示。

图 3-23　U 型楼梯

3.3.2 二维图形

二维曲线是一个由一条或多条曲线或直线组成的对象，利用其可生成面片、三维曲面、旋转曲面、挤出对象，定义放样组件以定义运动路径等。

创建二维图形与创建三维几何体的命令工具一样，也是通过调用"创建"主命令面板中的创建命令来实现的。单击"创建"→"图形"命令按钮，即可打开二维图形的创建命令面板，如图 3-24 所示。

图 3-24　二维图形面板

从"图形"面板的"样条线"和"扩展样条线"命令面板中可以看到 17 种命令按钮，单击这些按钮后，即可在场景中绘制其图形，如图 3-25 所示。

二维图形都拥有其基本属性，用户可以根据建模需要对二维图形的基本属性进行设置。默认情况下二维图形是不能够被渲染的，但在"渲染"卷展栏中可以更改二维图形的渲染设置，是线框图形以三维形体方式渲染，如图 3-26 所示。

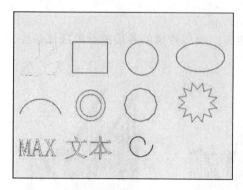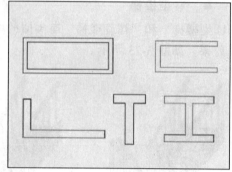

图 3-25　二维图形

图 3-26　渲染卷展栏

　　"可编辑样条线"提供了将对象作为样条线并以三个子对象层级进行操纵的控件："顶点""线段"以及"样条线"。"可编辑样条线"中的功能同编辑样条线修改器中的功能相同，不同的是，将现有的样条线形状转化为可编辑的样条线时，将不再可以访问创建参数或设置它们的动画。但是，样条线的插值设置仍可以在可编辑样条线中使用。

3.3.3 修改器

　　3ds max 提供了大量的编辑修改器，这些命令在建立模型、材质、动画等方面有重要的辅助功能。编辑修改器的使用方法基本上都是选择对象，添加编辑修改器，然后定义编辑修改器的参数。

1. 修改命令堆栈

　　修改命令堆栈是管理所有修改命令的关键。使用修改命令堆栈可以执行找到特定修改命令，并调整其参数、操作修改命令顺序、复制、剪切、粘贴、关闭等修改命令，如图 3-27所示。

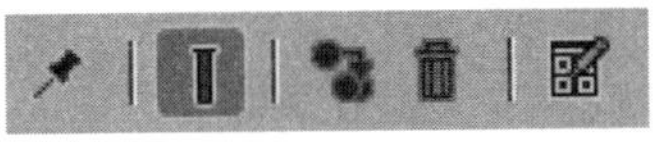

图 3-27　堆栈管理按钮

　　锁定堆栈：单击该按钮，可以将所选对象的堆栈锁定，即使选择了视口中的另一个对象，也可以继续对锁定堆栈的对象进行编辑。

　　显示最终结果：启用此选项后，会在选定的对象上显示整个堆栈的效果。启用此选项后，会仅显示当前修改命令。

　　使唯一：使实例化对象成为唯一，或者使实例化修改命令对于选定对象是唯一的。

　　移除修改命令：从堆栈中删除当前的修改命令，消除该修改命令引起的所有更改。

　　配置修改命令集：单击该按钮，可显示一个弹出菜单，用于配置在修改面板中怎样显示和选择修改命令。

2. 常用修改器

- **弯曲修改器**

弯曲修改器可对对象进行弯曲处理，可以调节弯曲的角度和方向，以及限制对象在一定的区域内的弯曲程度，如图 3-28 所示。

- **扭曲修改器**

扭曲修改器在对象几何体中会产生一个旋转效果，可以控制任意三个轴上扭曲的角度，并设置偏移来压缩扭曲相对于轴点的效果，如图 3-29 所示。

图 3-28　弯曲修改器　　　　　　　　　　图 3-29　扭曲修改器

- **锥化修改器**

锥化修改器通过缩放对象几何体的两端产生锥化轮廓，一段放大而另一端缩小，如图 3-30 所示。可以在两组轴上控制锥化的量和曲线，也可以对几何体的一段限制锥化。

- **FFD 类型修改器**

FFD 代表自由形式变形，FFD（自由形式）修改命令使用晶格框包围选中几何体，通过调整晶格的控制点，可以改变封闭几何体的形状。其中包括 FFD2×2×2、FFD3×3×3、FFD4×4×4、FFD 长方体和 FFD 圆柱体，如图 3-31 所示。

图 3-30　锥化修改器　　　　　　　　图 3-31　FFD 类型修改器

- **挤出修改器**

挤出修改器作用于图形对象局部坐标系的 Z 轴，沿 Z 轴产生积压效果，将样条线图形增加厚度生成三维模型，如图 3-32 所示。挤出修改器可以挤压任何类型的样条线，也包括不封闭的样条线。

- **车削修改器**

车削修改器是通过旋转一个二维图形来创建三维的，如图 3-33 所示。

图 3-32　挤出修改器　　　　　　　　图 3-33　车削修改器

3.3.4 复合对象建模

复合对象建模是一种特殊的建模方法，它通常将两种或两种以上的模型对象合并为一个对象，来创建出更为复杂的模型。

1. 创建复合对象

在"创建"命令面板中单击"几何体"按钮，选择下拉列表中"复合对象"的选项，进入"复合对象"创建面板，就可以创建其对象，下面讲解一些常用的复合对象工具。

● 变形

变形是一种与 2D 动画中的中间动画类似的动画技术，就是一种有开始和结束动作插入中间动作的动画技术。"变形"对象可以合并两个或多个对象，方法是插补第一个对象的顶点，使其与另外一个对象的顶点位置相符，如果随时执行这项插补操作，将会生成变形动画，如图 3-34 所示。

图 3-34　变形

● 散布

"散布"复合对象能够将选定的原对象通过散布控制，分散、覆盖到目标对象的表面。通过"修改"命令面板可以设置对象分布的数量和状态，并且还可以设置散布对象的动画，如图 3-35 所示。

图 3-35　散布

● 一致

"一致"复合对象有两种功能，第一种是可以使一个对象表面的顶点投影到另一个对象上，利用这一功能，用户可以使一个对象覆盖于另一个对象；第二种是允许有不同顶点的两个对象相互变形，这在建模中被称为"径向适应"，它能够使一个网格对象的周围收缩以适应于另一个网格对象，如图 3-36 所示。

图 3-36　一致

● 图形合并

"图形合并"复合对象能够将一个二维图形投影到三维对象表面，从而产生相交或相减的效果，该工具常用于对象表面的镂空文字或花纹的制作，如图 3-37 所示。

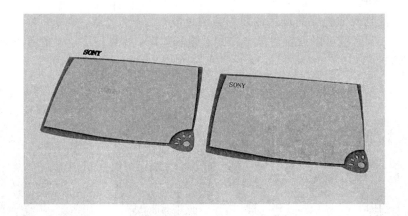

图 3-37　图形合并

2．ProBoolean

ProBoolean（超级布尔）运算是指通过交集、并集、差集等几种类型的运算将两个相互交叉的对象进行融合、相减、叠加等操作，从而得到一个新对象。超级布尔运算的使用非常广泛，可以很方便地制作出诸如对象上的镂空文字或对象表面的凹槽等效果，如图 3-38 所示。

3．放样

放样对象是沿着第三个轴挤出的二维图形，从两个或多个现有样条线对象中创建放样对象，这些样条线之一会作为路径，其余的样条线会作为放样对象的横截面或图形。还可以为任意数量的横截面图形创建作为路径的图形对象，该路径可以成为一个框架，用于保留形成对象的横截面。如果仅在路径上指定一个图形 3ds max 会假设在路径的每个端点有一个相同的图形，然后在图形之间生成曲面，如图 3-39 所示。

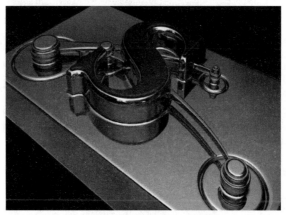

图 3-38　ProBoolean

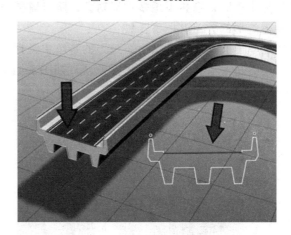

图 3-39　放样

　　3ds max 对于创建放样对象的方式限制很少，可以创建曲线的三维路径，甚至三维横截面。使用"获取图形"时，在无效图形上移动光标同时，该图形无效的原因将显示在提示行中。与其他复合对象不同，一旦单击复合对象按钮，就会从选中对象中创建它们，而放样对象与它们不同，单击"获取图形"或"获取路径"后才会创建放样对象。

3.3.5 多边形建模

　　可编辑多边形是一种可变形对象，也是一个多边形网格。与可编辑网格不同的是可以使用超过三面的多边形来进行建模。可编辑多边形非常有用，因为它们可以避免看不到边缘。例如，如果对可编辑多边形执行切割和切片操作，程序并不会沿着任何看不到的边缘插入额外的顶点。而且还可以将 NURBS 曲面、可编辑网格、样条线、基本体和面片曲面转换为可编辑多边形，如图 3-40 所示。

图 3-40　多边形建模

1.　转换为多边形对象

当物体对象被创建出来时，它并不是多边形对象，所以需要通过转换的方法将其塌陷为多边形对象。转换多边形的方法有以下 3 种：

第 1 种：在物体上单击鼠标右键，然后在弹出的菜单中选择"转化为"→"转换为可编辑多边形"命令，即可将对象转化成多边形对象了，如图 3-41 所示。

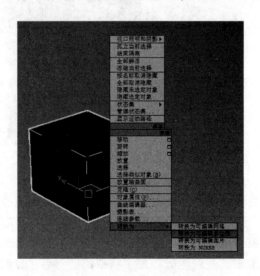

图 3-41　转换为多边形对象

第 2 种：在"修改"命令面板的"修改器列表"中选择"编辑多边形"修改器，就可以对其进行多边形编辑了，如图 3-42 所示。

第 3 种：在修改器堆栈中选中物体对象，然后单击鼠标右键，在弹出的菜单中选择"可编辑多边形"命令即可，如图 3-43 所示。

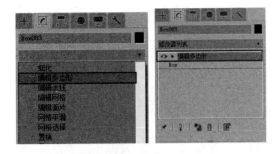 

图 3-42　添加修改器　　　　　　　图 3-43　选择"可编辑多边形"命令

3.3.6 编辑多边形对象

当物体转换成可编辑多边形对象后，可以观察到可编辑多边形对象有 5 种子对象，包括：顶点、边、边界、多边形和元素，如图 3-44 所示。

图 3-44　可编辑多边形子对象

1. 顶点

顶点是空间中的点，它们定义组成多边形对象的其他子对象（边和多边形）的结构，如图 3-45 所示为顶点子对象的相关参数。

图 3-45　顶点子对象参数

移除：删除选中的顶点，并接合起使用它们的多边形，如图 3-46 所示。

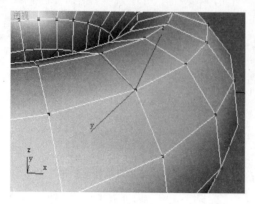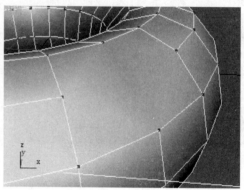

图 3-46　移除

切角：单击此按钮，然后在活动对象中拖动顶点即可把选中的顶点切分。如果切角了正方体的一个角，那么外角顶点就会被三角面替换，三角面的顶点处在连向原来外角的三条边上。外侧面被重新整理和分割，来使用这三个新顶点，并且在角上创建出了一个新三角形，如图 3-47 所示。

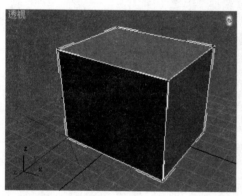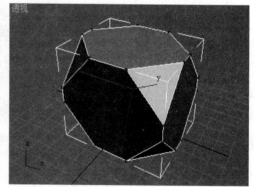

图 3-47　切角

2. 边

边是连接两个顶点的直线，它可以形成多边形的边，如图 3-48 所示为边子对象的相关参数。

挤出：单击此按钮，然后垂直拖动任何边，以便将选择对象挤出。挤出边时，该边界将会沿着法线方向移动，然后创建形成挤出面的新多边形，从而将该边与对象相连，如图 3-49 所示。

连接：使用当前的"连接边缘"对话框中的设置，在每对选定边之间创建新边。连接对于创建或细化边循环特别有用，如图 3-50 所示。

利用所选内容创建图形：选择一个或多个边后，单击该按钮，以便通过选定的边创建样条线形状。此时，将会显示"创建样条线"对话框，用于命名形状，并将其设置为"平滑"或"线性"，如图 3-51 所示。

图 3-48　边子对象参数

图 3-49　挤出

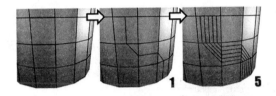

图 3-50　连接

图 3-51　利用所选内容创建图形

3．边界

边界是网格的线性部分，通常可以描述为孔洞的边缘，如图 3-52 所示为边界子对象的相关参数。

图 3-52　边界参数

封口：使用单个多边形封住整个边界环。使用方法很简单只要选择该边界，然后单击

"封口"命令即可，如图 3-53 所示。

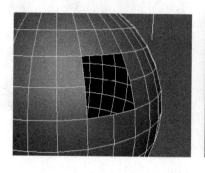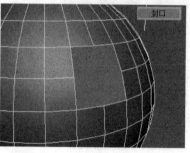

图 3-53　封口

4. 多边形和元素

多边形是通过曲面连接的三条或多条边的封闭序列。多边形提供了可渲染的可编辑多边形对象曲面。元素是相邻多边形组，如图 3-54 所示为多边形和元素子对象的相关参数

图 3-54　多边形和元素子对象的相关参数

轮廓：用于增加或减小每组连续的选定多边形的外边，执行挤出或倒角操作后，通常可以使用"轮廓"调整挤出面的大小，它不会缩放多边形，只会更改外边的大小，如图 3-55 所示。

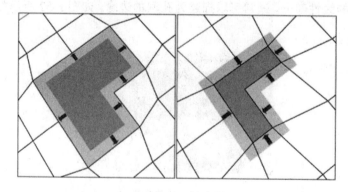

图 3-55　轮廓

倒角：可以通过直接在视口中操纵执行手动倒角操作。也可以单击此按钮，然后垂直拖动任何多边形，以便将其挤出，释放鼠标按钮，然后垂直移动光标，以便设置挤出轮廓，如图 3-56 所示。

插入：执行没有高度的倒角操作，即在选定多边形的平面内执行该操作。单击此按钮，然后垂直拖动任何多边形，也可以将其插入，如图 3-57 所示。

图 3-56　倒角

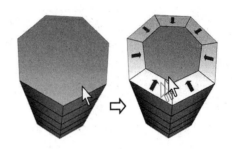

图 3-57　插入

从边旋转：通过在视口中直接操纵执行手动旋转操作。选择多边形，并单击该按钮，然后沿着垂直方向拖动任何边，以便旋转选定多边形，如图 3-58 所示。

沿样条线挤出：使选择的面沿样条线的方向挤出，如图 3-59 所示。

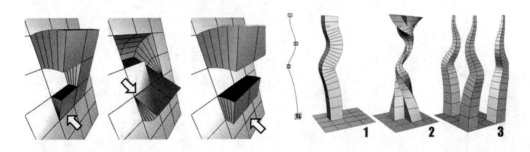

图 3-58　从边旋转　　　　　　图 3-59　沿样条线挤出

第 4 章

了解 VRay 渲染器

VRay 渲染器是由保加利亚的 Chaosgroup 公司开发的一款非常优秀的高质量的全局光照渲染软件，它以插件的形式存在于 3ds max 软件中，不但能模拟出各种逼真的材质效果，还可以真实地模拟出真实细腻的全局光光照效果。

VRay 渲染器除了能制作出如上所述的逼真材质与真实细腻的全局光光照模拟效果外，还能在较高质量的渲染效果前提下，达到较快的渲染速度，因此广泛应于建筑表现、工业产品表现、动画制作等领域，如图 4-1 和图 4-2 所示。

图 4-1　建筑表现　　　　　　　　　　　　　　图 4-2　装饰设计

VRay 兼容 3ds max 大部分标准材质和灯光，因此具有标准渲染器使用经验的用户可以轻松地掌握 VRay 渲染器。本章将全面剖析 VRay 渲染器，包括 VRay 的渲染参数、材质与贴图、灯光和相机等。

4.1 VRay 渲染面板

按下 F10 键，打开【渲染设置】对话框。在【公用】选项卡下展开"指定渲染器"卷展栏，在【产品级】选项后单击矩形按钮。在弹出的【选择渲染器】对话框中选择 V-Ray 渲染器，单击【确定】按钮。如图 4-3 所示即可完成指定渲染器的操作。本节讲解 VRay 渲染器中的 VRay 选项卡、GI（全局照明）选项卡、设置选项卡中的参数。

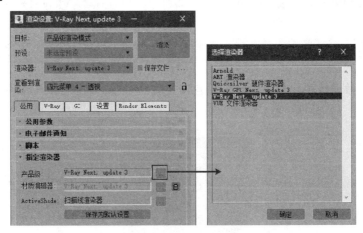

图 4-3　指定 VRay 渲染器

本书以 3ds max 2020 平台下的 VRay 渲染器为例进行讲解，该版本成功安装至 3ds max 2020 后，其渲染参数选项卡、VRay 材质与贴图、VRay 物体与 VRay 置换修改器、VRay 灯光、VRay 相机等部件，便会如图 4-4 ～ 图 4-7 所示镶嵌在 3ds max 2020 中对应的位置。

图 4-4　VRay 渲染参数选项卡

图 4-5　VRay 材质与贴图

图 4-6　VRay 物体与 VRay 置换修改命令　　　　　图 4-7　VRay 灯光与相机

4.1.1 VRay 选项卡

在 VRay 参数面板中包含了对渲染的各种控制的参数，是参数比较重要的一个模块，如图 4-8 所示。

图 4-8　VRay 参数面板

帧缓存区：用于控制 VRay 的缓存，设置渲染元素的输出、渲染的尺寸等，当开启 VRay 帧缓存后，3ds max 自身的帧缓存会被自动的关闭，如图 4-9 所示。

全局控制：对 VRay 渲染器的各种效果进行开、关控制，包括几何体、灯光、材质、间接照明、光线跟踪、场景材质替代等，在渲染调试阶段较为常用，如图 4-10 所示。

图 4-9　帧缓存区　　　　　　　　　　图 4-10　全局控制

图像采样器（抗锯齿）：控制 VRay 渲染图像的品质，包括图像采样器和抗锯齿过滤器两部分，提供了两种图像采样器，分别是块和渐进。选择"块"采样器，显示其参数设置卷展栏，如图 4-11 所示。

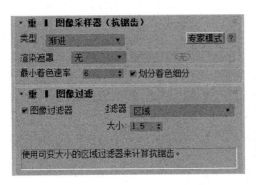
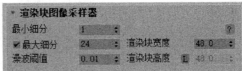

图 4-11   图像采样器

环境：该卷展栏用于控制开启 VRay 环境，替代 3ds max 环境设置。环境卷展栏有四部分组成，分别是 GI（全局照明）环境（天光）、反射/折射环境和折射环境、二次无光环境，如图 4-12 所示。

颜色映射：该卷展栏中的参数就是曝光模式，主要控制灯光方面的衰减以及色彩的不同模式，如图 4-13 所示。

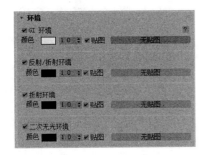
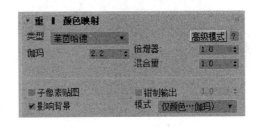

图 4-12   环境   图 4-13   颜色映射

相机：控制相机镜头类型、运动模糊和景深效果，如图 4-14 所示。

图 4-14   相机

4.1.2 GI（全局照明）选项卡

全局照明面板是 VRay 的一个很重要的部分，它可以打开和关闭全局光效果。全局光照引擎也是在这里选择，不同的场景材质对应不同的运算引擎，正确设置可以使全局光计算速度更加合理，使渲染效果更加出色，如图 4-15 所示。

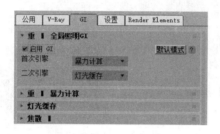

图 4-15　全局照明选项卡

全局照明 GI：控制全局照明的开、光和反射的引擎，在选择不同的 GI 引擎时会出现相应的参数设置卷展栏，VRay 提供了 3 种 GI 引擎，如图 4-16 所示。

发光贴图：当选择发光贴图为当前 GI 引擎时会出现此面板，用于控制发光贴图参数设置，也是最为常用的一种 GI 引擎，效果和速度都是不错的，如图 4-17 所示。

图 4-16　3 种 GI 引擎

图 4-17　VR 发光贴图

焦散：该卷展栏用于控制焦散效果，在 VRay 渲染器中产生焦散的条件包括必须有物体设置为产生和接收焦散，要有灯光，物体要被指定反射或折射材质，如图 4-18 所示。

图 4-18　焦散

4.1.3 设置选项卡

主要用来控制 VRay 的系统设置、置换、DMC 采样，如图 4-19 所示。

图 4-19　设置面板

默认置换：用于控制 VRay 置换的精度，在物体没有被指定 VRay 置换修改器时有效，如图 4-20 所示。

系统：主要对 VRay 整个系统的一些设置，包括内存控制、渲染区域、分布式渲染、水印、物体与灯光属性等设置，如图 4-21 所示。

图 4-20　默认置换

图 4-21　系统

4.2 VRay 材质和贴图

在计算机上安装了 VRay 渲染器后，按下 M 键，打开如图 4-22 所示的【材质编辑器】对话框；单击【Standard】按钮，系统弹出【材质/贴图浏览器】对话框，单击展开【材质】卷展栏，可以发现新增了一个名称为【VRay】的卷展栏，其下包含了多种类型的材质，如图 4-23 所示。

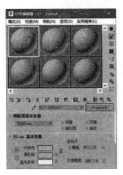

图 4-22　【材质编辑器】对话框

图 4-23　【材质/贴图浏览器】对话框

4.2.1 VRayMtl 材质

VRayMtl 是 VRay 渲染器最为重要和常用的一种材质类型，能够模拟现实世界中的各种材质效果，内置有反射、折射、半透明等特性，并且有较快的渲染速度，材质面积与渲染效果，如图 4-24~图 4-26 所示。

图 4-24　不锈钢材质　　　　　图 4-25　陶瓷材质　　　　　图 4-26　玻璃材质

4.2.2 VRay 灯光材质

VRay 灯光材质是一种自发光材质，将这个材质指定给物体，可以把物体当光源使用，产生真实的照明效果，通常用来制作灯带、电视屏幕、灯罩等物体的发光。

VRay 灯光材质的参数卷展栏如图 4-27 所示。

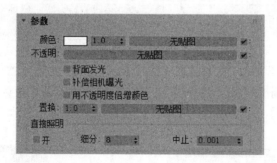

图 4-27　灯光材质参数

颜色：色彩通道可以调整出各种颜色的发光效果，其后的数值可以进行发光强度的控制，而其贴图通道内可以加载位图来制作发光纹理效果。

不透明：添加贴图后可以在模型表面制作发光效果，表现镂空效果。

4.2.3 VRay 包裹材质

VRay 包裹材质主要用来控制物体全局照明、焦散和不可见的一些特殊需要，如图 4-28 所示为其参数设置面板，其中各选项含义如下。

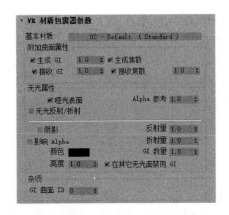

图 4-28　VRay 材质包裹器参数设置面板

基本材质：单击该按钮，定义包裹材质中将使用的基本材质，但是必须选择 VRay 渲染器所支持的材质类型，如图 4-29 所示。

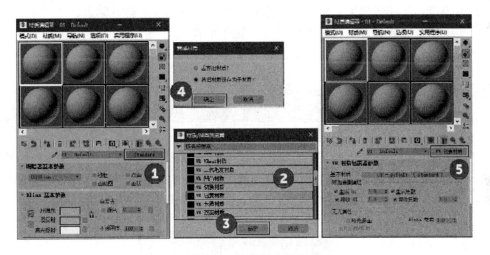

图 4-29　指定基础材质

生成 GI（全局照明）：该选项参数定义使用此材质的物体产生全局照明的强度，参数值越大，材质本身也就越亮。

接收 GI（全局照明）：在其中设置使用此材质的物体接收全局照明的强度，参数值越大，材质本身越亮。

4.2.4 VRay 边纹理

VRay 边纹理的材质效果类似于 3ds max 线框性质。但与线框性质不同的是，VRay 边纹理是一种贴图。为材质球赋予 VRaymtl 材质，单击【漫反射】右侧的贴图通道按钮，在【材质/贴图浏览器】对话框中选择 VR 边纹理，单击【确定】按钮返回参数设置面板。如图 4-30 所示，其中主要选项的含义如下。

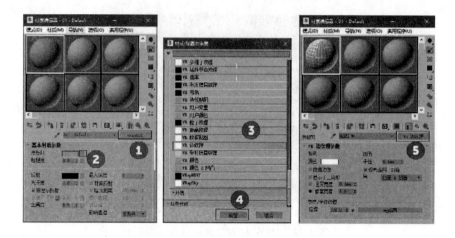

图 4-30　VRay 边纹理参数面板

颜色：单击色块，在【颜色选择器】对话框中设置边的颜色。
隐藏边缘：选择该选项，将渲染物体的所有边，否则仅渲染可见边。
世界宽度：选择该选项，厚度单位为场景尺寸单位。
像素宽度：选择该选项，厚度单位为像素。

4.3 VRay 置换修改器

　　VRay 置换模式是一个可以在不需要修改模型的情况下，为场景中的物体增加模型细节的一个强大的修改器。它的效果很像凹凸贴图，但是凹凸贴图仅作用于物体表面的一个效果，它的效果比凹凸贴图带来的效果丰富更强烈，如图 4-31 所示。

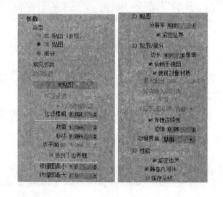

图 4-31　VRay 置换参数

　　2D 贴图：这个方式是根据置换贴图来产生凹凸效果，凹或凸的地方是根据置换贴图的明暗来产生的，暗的地方凹，亮的地方凸。实际上，VRay 在对置换贴图分析的时候，已经得出了凹凸结果，最后渲染的时候只是把结果映射到 3D 空间上。

3D 贴图：这种方式是根据置换贴图来细分物体的三角面。它的渲染效果比 2D 好，但是速度比 2D 慢。

细分：这种方式和三维贴图方式比较相似，它在三维置换的基础上对置换产生的三角面进行光滑，使置换产生的效果更加细腻，渲染速度比三维贴图的渲染速度慢。

纹理贴图：单击这里的按钮，可以选择一个贴图来当作置换所用的贴图。

纹理通道：这里的贴图通道和给置换物体添加的 UVW 贴图里的贴图通道相对应。

过滤纹理贴图：勾选这个选项后，在置换过程中将使用"图像采样器（全屏抗锯齿）"中的纹理过滤功能。

过滤模糊：设置参数，调整过滤纹理贴图的模糊程度。

数量：用来控制物体的置换程度。较高的取值可以产生剧烈的置换效果。当设置为负值时，会产生凹陷的置换效果。

移动：用来控制置换物体的收缩膨胀效果。正值是物体的膨胀效果，负值是收缩效果，如图 4-32 所示。

图 4-32　数量和移动

水平面：用来定义一个置换的水平界限，在这个界限以外的三角面将被保留，界限以内的三角面将被删除，如图 4-33 所示。

图 4-33　水平面

相对于边界框：勾选该选项后，置换的数量将以边界盒为挤出。这样置换出来的效果非常剧烈，通常不必勾选使用，如图 4-34 所示。

图 4-34　相对于边界框

纹理图最小/纹理图最大：选择【2D 贴图（景观）】时这两项不可用。主要用来设置 3D 贴图的最小值与最大值。

分辨率：用来控制置换物体表面分辨率的程度，最大值为 16384，分辨率值越高表面被分辨得越清晰，如图 4-35 所示，当然也需要置换贴图的分辨率也比较高才可以。

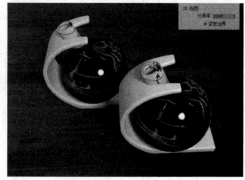

图 4-35　分辨率

紧密边界：勾选这个参数后，VRay 会对置换的图像进行预先采样，如果图像中的颜色数很少并且图像不是非常的复杂时，渲染速度会很快。如果图像中的颜色数很多而且图形也相对比较复杂时，置换评估会减慢计算。不勾选这个选项时，VRay 不对纹理进行预先采样，在某些情况下会加快计算。

边长：定义了三维置换产生的三角面的边线长度。值越小，产生的三角面越多，置换品质也越高。

依赖于视图：勾选该选项时，边长度以像素为单位来确定三角形边的最大长度。如果取消勾选，则以世界单位来定义边界的长度。

使用对象材质：勾选该选项时，VRay 可以从当前物体材质的置换贴图中获取纹理贴图信息，而不会使用修改器中的置换贴图的设置。

最大细分：最大细分用来确定原始网格的每个三角面能够细分得到的极细三角面最大数量。实际数量是所设置参数的平方值。通常不必为这个参数设置太高的数值。

保持连续性：在不勾选时，在具有不同光滑组群或材质 ID 号之间会产生破裂的置换效果，勾选后可以将这个裂口进行连接，如图 4-36 所示。

边缘：该选项只有在勾选"保持连续"选项时才可以使用。它可以控制在不同光滑组或材质 ID 之间进行混合的缝合裂口的范围。

向量置换：提供三种置换方式，分别是禁用、切线与对象，用来调整向量的转换，默认为【禁用】。

3D 性能：默认选择第一与第二选项，即【紧密边界】与【静态几何体】，能够得到较好的贴图效果。全部选中三项，可获得更细腻的效果，但是会占用更多的系统内存。

图 4-36　保持连续性

4.4 VRay 灯光

VRay 灯光一共有四种类型，分别为 VRayLight（灯光）、VRayIES、VRayAmbientLight（环境灯光）、VRaySun（太阳），如图 4-37 所示。本节为读者介绍 VRayLight（灯光）、VRayIES 以及 VRaySun（太阳）。

图 4-37　VRay 灯光类型列表

4.4.1 VRayLight（灯光）

VRay Light（灯光）是从一个面积或体积发射出光线，所以能够产生真实的照明效果其参数十分精简，能够大大提高调节效率。VRay Light（灯光）包括 5 种灯光类型，分别是平面、穹顶、网格和球体、圆盘，如图 4-38 所示。

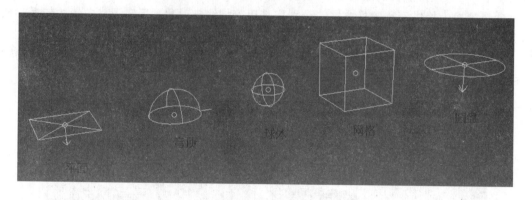

图 4-38　VRay　Light

4.4.2 VRaySun（太阳）

VRaySun（太阳）是 VRay 渲染器自带的太阳光，提供了空气混浊度、臭氧层厚度等物理属性设置，与 VRaySky（天空）配合使用，可模拟出真实的太阳光照效果。VRaySun 也可以单独创建，也可以通过创建 3ds max 日光系统来控制，如图 4-39 所示。

图 4-39　太阳光效果

4.4.3 VRayIES

VRayIES 是 VRay 渲染器自带的 IES 类型的灯光，它提供了光网域、功率等属性的设置，主要用来模拟室内灯光中的射灯的效果，如图 4-40 所示。

图 4-40   VRayIES 灯光效果

4.5 VRay 相机

　　VRay 相机具有光圈、快门、曝光及 ISO 等调节功能，与真实的相机相似。VRay 相机分为两种，即【VR 穹顶相机】【VR 物理相机】，如图 4-41 所示。单击【VR 物理相机】按钮，在场景中拖曳鼠标，可创建一个 VR 物理相机，如图 4-42 所示。与目标相机相同，VR 物理相机也由目标点及相机组成。

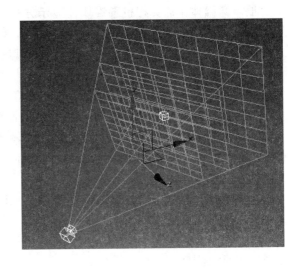

图 4-41   VRay 相机类型列表

图 4-42   VR 物理相机

　　VRay 穹顶相机模拟的是一种穹顶相机效果，类似于 3ds max 中自带的自由相机类型，已经固定好了相机的焦距、光圈等所有参数，惟一可控制的只是它的位置；VRay 物理相机使用功能和现实中的相机功能相似，都有光圈、快门、曝光、ISO 等调节功能，用户可以通过 VRay 物理相机制作出更为真实的作品，下面以 VRay 物理相机为例对参数面板做一个简单的介绍。

4.5.1 基本参数

类型：VRay 物理相机内置了 3 种类型的相机，分别为：照相机、相机/电源、相机（DV）。一般作为室内的静态表现，只使用默认的照相机类型即可，如图 4-43 所示。

图 4-43　基本参数

➢ **"基本和显示"选项组**

目标：选择该选项，将相机的目标点放在焦平面上。

对焦距离：选择该选项，设置相机的对焦距离大小。

显示圆锥体：选择相机圆锥体的显示方式，默认为【选择】，只有选中相机才显示圆锥体。另有两种显示方式，分别为【始终】和【从不】，根据字面理解意义即可。

显示水平线：选择选项，切换至摄影机视图，可以观察到水平线。

➢ **"传感器&镜头"选项组**

视野：选择选项，在右侧设置参数，调整相机的视野大小。

胶片规格（毫米）：控制照相机所看到的景色范围，参数越大，能见物越多。

焦距（毫米）：控制相机的焦长，同时影响画面的感光度。参数较大，得到的效果类似于长焦效果，同时胶片会变暗，尤其在胶片边缘。参数较小，得到的效果类似于广角效果，透视感较强，胶片也随之变亮。

缩放系数：控制相机的设图的缩放。缩放系数越大，相机视图拉得越近。

➢ **"光圈"选项组**

胶片速度（ISO）：用来设置胶片的感光效果。参数值越高，感光能力越强，效果图亮度越高，反之亦然。

光圈数：用于设置相机的光圈大小，控制渲染图的最终亮度。值越小图越亮，值越大图越暗，同时和景深也有关系，大光圈景深小，小光圈景深大。

快门速度（s=-1）：控制光的进光时间。值越小，进光时间越长，图就越亮；反之值越大，进光时间就小，图就越暗。

快门角度（度）：选择【相机/电源】相机，激活该项，作用与"快门速度（s=-1）"相同，都是用来控制图像的明暗。

快门偏移（deg）：选择【相机/电源】相机，激活该选项，调整快门角度的偏移距离。

延迟（s）：选择【相机/DV】相机，激活该项，作用与【快门速度（s=-1）】相同，用来控制图像的明暗。值越大，光越足，图越亮。

➢ "景深和运动模糊"选项组

景深：选择选项，为图片添加景深效果。但是具体参数要在【渲染设置】对话框中选择【相机】卷展栏进行调整，可以创建近景深和远景深效果。

运动模糊：选择该选项，为对象添加运动效果，渲染后得到运动模糊效果。具体参数在【渲染设置】对话框中调整。

➢ "颜色&曝光"选项组

曝光：用于控制曝光的效果

晕影：用于模拟真实相机所产生的镜头渐晕效果。

白平衡：和真实相机的功能一样，控制图的色偏。

自定义白平衡：单击颜色色块，在对话框中选择颜色，调整图像的着色效果。

➢ 倾斜&移位选项组

倾斜/移动：调整相机在垂直方向、水平方向上的变形，主要用于纠正三点透视到两点透视。

预估垂直倾斜/预估水平倾斜：用来校正相机在垂直方向、水平方向上的透视关系。

4.5.2 散景特效

如果为场景添加了景深效果，在渲染时有可能会出现散景效果。【散景特效】卷展栏就是用来控制相机的散景效果，如图 4-44 所示。

图 4-44　散景特效

叶片：设置散景产生的小圆圈的边。默认值为 5，表示小圆圈为正五边形。取消选择该项，散景显示为圆形。

旋转（度）：选择【叶片】选项，激活该选项，设置散景小圆圈的旋转角度。

中心偏置：调整散景偏移源物体的距离。

各向异性：调整散景的各向异性，参数越大，散景小圆圈被拉长，显示为椭圆形。

光学晕影：控制产生晕影的程度。

位图光圈：设置是否显示位图光圈。

影响曝光：选择是否影响位图的曝光。

4.6 VRay 物体对象

VRay 渲染系统不仅有自身的灯光、材质和贴图，还有自身的物体类型。VRay 物体在创建命令面板的创建几何体中，并且提供了种物体类型：VRayProxy、VR 毛皮、VR 无限平面和 VR 球体，如图 4-45 所示。

图 4-45　VRay 物体

4.6.1 VRayProxy

利用 VRayProxy（VRay 代理）对象，可以在渲染的时候导入存在 3ds max 外部的网格对象，这个外部的几何体不会出现在 3ds max 场景中，也不占用资源，这种方式可以渲染上百万个三角面场景。

4.6.2 VR 球体和 VR 无限平面

1.　VR 球体

VR 球体主要用来制作球体。在创建 VR 球体时，只需要在视图中单击，即可创建完成，球体物体在视图中只是显示线框方式，在渲染的过程中必须将 VRay 指定为当前渲染器，否则渲染会看不见。它的参数很简单，只有【半径】和【翻转法线】两个。如图 4-46 所示，它一般用于模拟场景环境和天空等。

2.　VR 无限平面

VR 无限平面主要用来制作一个无限广阔的平面。在创建平面物体时，只需要在视图中单击，即可创建完成，平面物体在视图中只是显示平面物体图标。在渲染的过程必须将 VRay 指定为当前渲染器，否则渲染会看不见。在渲染时可以更改平面物体的颜色，并且还可以赋予平面材质贴图，只是很少用到赋予贴图的功能。如图 4-47 所示，它一般用于模拟无限延伸的地面和水面等。

图 4-46　VR 球体　　　　　　　　　　　　　图 4-47　VR 无限平面

4.6.3 VR 毛皮

使用 VR 毛皮工具可以制作地毯、草地等毛制品，是 VRay 自带的一种毛皮制作工具。如图 4-48 所示为毛制品的制作结果。

图 4-48　毛制品的制作结果

第 5 章

园林元素的制作

　　园林的设计元素是指园林用地范围内的山、水、动植物和建筑物等。元素是园林的骨架，是整个园林赖以生存的基础。因此，元素搭配的好坏直接影响到园林的整体效果。

　　园林的设计元素多种多样，本章将讲述几种常见元素的制作，重点是其模型的创建方法，读者可借此熟悉并掌握 3ds max 的基本建模方法。

5.1 花盆的制作

花盆是园林中最常见的基本元素，不同造型的花盆其制作方法也会有所不同。本案例讲述的是一个造型简练花盆的制作，最终完成效果如图 5-1 所示。

图 5-1　花盆模型

5.1.1 创建花盆模型

在制作过程中，主要用到图形的可渲染设定方法、【放样】和【车削】命令。

（1）启动中文版 3ds max 2020，按 G 键，取消网格显示，按 Alt+W 键最大化前视图。在创建面板中单击 ➕ 按钮，进入二维图形创建面板。

（2）单击"图形"按钮 ☯，在【对象类型】卷展栏中单击 ▬▬线▬▬ 按钮，在前视图中绘制一条高度 400 左右的直线，如图 5-2 和图 5-3 所示。

图 5-2　图形创建面板

图 5-3　绘制直线

(3) 切换到顶视图，单击 星形 按钮，在顶视图中创建星形并设置参数，如图 5-4 和图 5-5 所示。

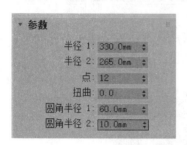

图 5-4 设置星形参数

图 5-5 创建星形效果

(4) 按 Alt+W 快捷键，切换到四视图，在创建面板中单击 按钮，在下拉菜单中选择 【复合对象】，如图 5-6 所示。在前视图中选择直线，在【对象类型】卷展栏中单击 放样 按钮，在【创建方法】卷展栏中单击 获取图形 按钮，如图 5-7 所示。

图 5-6 选择复合对象

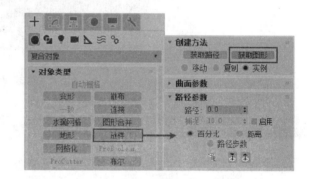

图 5-7 选择放样命令

(5) 在前视图中选择创建的星形曲线，这样就完成了【放样】的基本操作，放样效果 如图 5-8 所示。

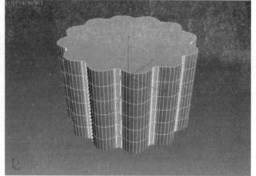

图 5-8 放样效果

(6) 进入修改面板，展开 Loft，选择【路径】，在 Line 中选择【顶点】修改层级，在前视图中选择位于下方的点，如图 5-9 所示。

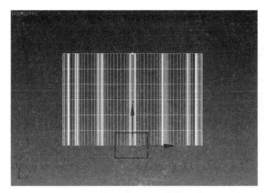

图 5-9　选择放样路径的顶点

(7) 调整点的位置，放样效果会随之改变，如图 5-10 所示。

(8) 在修改面板中选择 Loft，在【蒙皮参数】卷展栏中设置【图形步数】为 3，这样在不影响模型效果的前提下，有效减少了模型的面数，如图 5-11 所示。

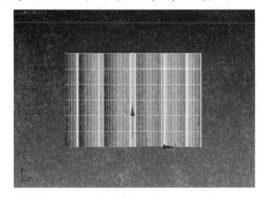

图 5-10　调整放样路径长度　　　　　　　　　　图 5-11　调整图形步数

(9) 在【变形】卷展栏中单击　缩放　按钮，调整缩放控制线，如图 5-12 所示，得到上端大、下端小的花盆基本造型，如图 5-13 所示。

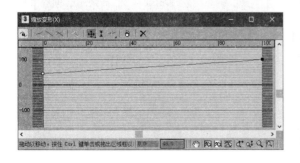

图 5-12　缩放变形　　　　　　　　　　　　图 5-13　缩放变形效果

中文版 3ds max/VRay/Photoshop
园林景观效果图表现案例详解（2022 版）

（10）单击 扭曲 按钮，在【扭曲变形】对话框中调整控制曲线，如图 5-14 所示，扭曲变形效果如图 5-15 所示。

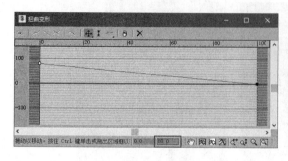

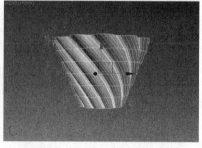

图 5-14　调整扭曲变形曲线　　　　　图 5-15　扭曲变形效果

（11）在创建面板中单击 按钮，进入图形创建面板。单击 圆 按钮，在顶视图中创建【半径】为 280 的圆，如图 5-16 所示。

（12）在【渲染】卷展栏中勾选【在渲染中启用】和【在视口中启用】选项，设置【径向】参数，如图 5-17 所示，使圆图形可以渲染，效果如图 5-18 所示。

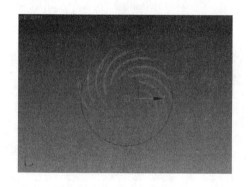

图 5-16　创建圆　　　　　　　图 5-17　设置参数

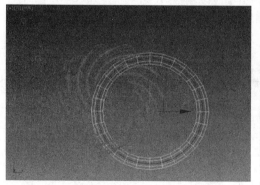

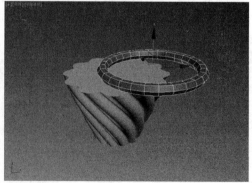

图 5-18　设置圆效果

(13) 选择顶视图，在工具栏中单击■按钮，在弹出的对话框中进行对齐设置，如图5-19 所示，选择前视图，单击■按钮，进行对齐设置，如图 5-20 所示。

图 5-19　设置对齐物体 1

图 5-20　设置对齐物体 2

(14) 对齐效果如图 5-21 所示。

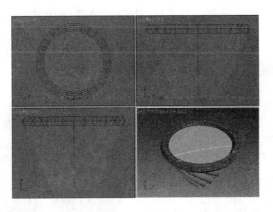
图 5-21　对齐后效果

(15) 在前视图中绘制一条开放的曲线，如图 5-22 所示。在【渲染】卷展栏中取消勾选【在渲染中启用】和【在视口中启用】选项，如图 5-23 所示。

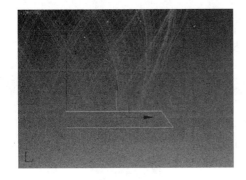
图 5-22　绘制曲线

图 5-23　设置曲线

（16）进入修改面板，在修改器列表下拉菜单中选择【车削】命令，选择【轴】修改层级，调整【轴】的位置，在【参数】卷展栏中勾选【翻转法线】选项，单击 Y 按钮，单击中心按钮，如图 5-24 所示，再次调整【轴】的位置，得到如图 5-25 所示的车削效果。最后退出轴修改层级。

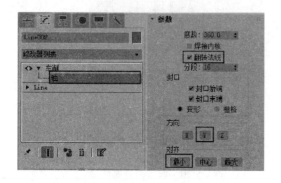
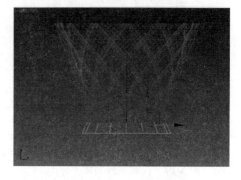

图 5-24　设置车削参数　　　　　　　　　　图 5-25　底座效果

（17）在工具栏中单击 ≡ 按钮，选择 Circle01 物体并进行对齐设置，如图 5-26 所示，效果如图 5-27 所示。

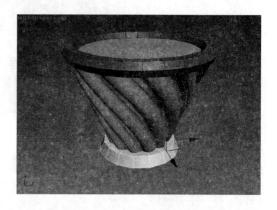

图 5-26　设置底座对齐　　　　　　　　　　图 5-27　设置底座对齐效果

至此，花盆模型制作完毕，下面编辑花盆的材质。

5.1.2 编辑花盆材质

花盆材质的编辑比较简单，这里做简单介绍。

（1）单击 按钮，打开材质编辑器，选择一个材质球，选择创建的花盆模型，把该材质球材质赋予选择的模型，如图 5-28 所示。

（2）在【漫反射颜色】通道中添加一张大理石位图，如图 5-29 所示，效果如图 5-30 所示。

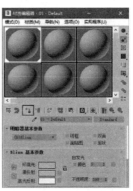

图 5-28　赋予模型材质

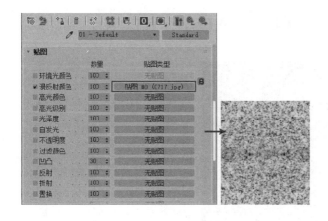

图 5-29　添加漫反射贴图　　　　　　　　　　　图 5-30　添加位图效果

（3）在【凹凸】通道中添加一张噪波贴图，设置噪波参数，如图 5-31 所示，效果如图 5-32 所示，模拟出石材表面的凹凸效果。

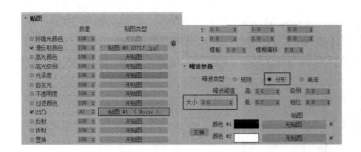

图 5-31　设置噪波参数　　　　　　　　　图 5-32　设置噪波参数效果

（4）在修改面板中添加【UVW 贴图】修改器，设置贴图方式为【长方体】，设置【长度】【宽度】【高度】均为 200，如图 5-33 所示。

（5）渲染透视图，效果如图 5-34 所示。

图 5-33　设置贴图坐标　　　　　　　　　　　　　　图 5-34　渲染效果

（6）选择放样的物体，单击右键，在右键菜单中选择【转换为】|【转换为可编辑多边形】命令，如图 5-35 所示。

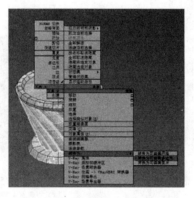

图 5-35　把模型转换为可编辑多边形

（7）在【选择】卷展栏中单击■按钮，选择如图 5-36 所示的多边形。

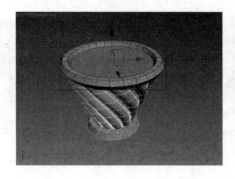

图 5-36　选择多边形

(8) 在【编辑几何体】卷展栏中单击 ▢分离▢ 按钮，如图 5-37 所示，在弹出的对话框中单击 ▢确定▢ 按钮，如图 5-38 所示。将该多边形独立出来，以便单独指定材质。

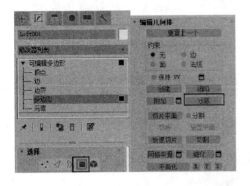

图 5-37　单击分离按钮

图 5-38　分离对话框

(9) 给分离对象赋予材质。根据需要，设置加载【漫反射】贴图即可，本案例的【漫反射】贴图如图 5-39 所示。

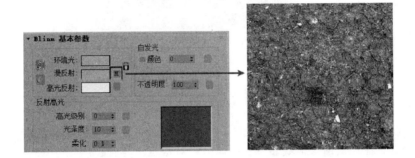

图 5-39　加载漫反射贴图

5.1.3 渲染效果

渲染透视视图，渲染效果如图 5-40 所示。

图 5-40　花盆渲染效果

5.2 花窗的制作

花窗的制作重点是【样条线】的可渲染属性设置，以制作出复杂的窗格效果。

5.2.1 创建花窗模型

本案例导入一张图片来作为花窗模型创建的参照，最终完成效果如图 5-41 所示。

图 5-41　花窗模型

1. 设置视口背景

（1）打开 3ds max 2020，按 G 键，取消网格显示，在素材库中找到一张花窗图，如图 5-42 所示。拖动该图至前视图中，在弹出的对话框中单击 ▢确定 按钮，如图 5-43 所示。

图 5-42　花窗图

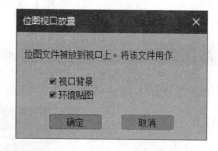

图 5-43　【位图视口放置】对话框

（2）按 Alt+W 快捷键，最大化前视图。观察前视图，会发现位图有拉伸的现象，如图 5-44 所示。

（3）按 Alt+B 键，打开【视口背景】对话框，选择【匹配位图】单选按钮，如图 5-45 所示。

图 5-44　前视图效果

图 5-45　设置视口背景

(4) 设置【视口背景】对话框参数后，此时前视图效果如图 5-46 所示，位图的拉伸问题得以解决。

图 5-46　解决拉伸问题后的效果

2. 创建外框

(1) 在创建面板中单击 按钮，在【对象类型】卷展栏中单击 线 按钮，围绕花窗外轮廓，在前视图中创建闭合曲线。在创建曲线时，按住 Shift 键不放，创建直线，如图 5-47 所示。在首尾顶点重合时，系统会弹出一个对话框，单击 是(Y) 按钮，如图 5-48 所示，闭合样条线。

图 5-47　创建曲线

图 5-48　闭合样条线

（2）右键单击工具栏，在弹出的菜单中选择【轴约束】命令，此时会弹出【轴约束】工具栏，如图 5-49 所示。

图 5-49　设置轴约束

（3）将【轴约束】工具面板放在合适位置，单击 x⁰ 按钮，进行【轴约束】的设置。

（4）设置【捕捉】为 2₅，右键单击 2₅ 按钮，在弹出的【栅格和捕捉设置】对话框中进行设置，如图 5-50 所示。

（5）按 F6 键，约束 Y 轴，选择左边的顶点，对齐右边的顶点，如图 5-51 所示，以得到左右对称的图形。

图 5-50　设置捕捉选项

图 5-51　对齐顶点高度

（6）按快捷键 S，退出捕捉状态，选择样条线，在【几何体】卷展栏中单击 轮廓 按钮，设置【轮廓】数量为-50，按 Enter 键确认，如图 5-52 所示。

图 5-52　设置轮廓值

(7) 在修改器下拉列表中选择【挤出】命令，设置挤出【数量】为 400，如图 5-53 所示。

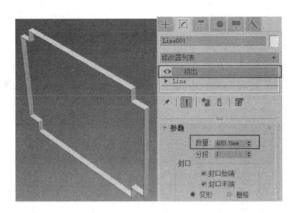

图 5-53 挤出花窗轮廓挤出深度

3. 创建内框

(1) 在修改面板中选择样条线层级，在视图中选择内侧的样条线，在【几何体】卷展栏中勾选【复制】选项，单击 分离 按钮，在弹出的对话框中单击 确定 按钮，如图 5-54 所示。

(2) 选择复制的样条线，单击右键，在右键菜单中选择【转换为】|【转换为可编辑多边形】命令，把该样条线转换为可编辑多边形。进入修改面板，在【选择】卷展栏中单击 ▦ 按钮，选择可编辑多边形的面，如图 5-55 所示。

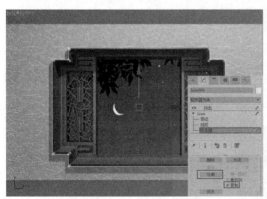

图 5-54 复制样条线

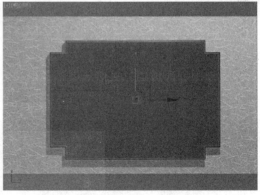

图 5-55 选择多边形

(3) 在【编辑多边形】卷展栏中单击 ▢ 按钮，如图 5-56 所示，设置插入量为 220，效果如图 5-57 所示。

图 5-56　设置插入值

图 5-57　插入效果

（4）再次使用【插入】命令，设置插入量为 100。在【选择】卷展栏中单击 按钮，选择如图 5-58 所示的边。

（5）在【编辑边】卷展栏中单击【连接】设置按钮 ，设置【分段】为 1，调整位置，参数设置如图 5-59 所示。

图 5-58　选择边

图 5-59　设置分段数量

（6）在【编辑边】卷展栏中单击【切角】设置按钮 ，设置【切角量】为 25，单击 按钮，再次设置【切角量】为 10，单击 按钮，如图 5-60 所示，效果如图 5-61 所示。

图 5-60　设置切角量

图 5-61　设置切角量效果

(7) 切换到前视图，按 Alt+X 键，半透明显示模型，选择点如图 5-62 所示，移动左边点的位置，效果如图 5-63 所示。

图 5-62　移动点的位置

图 5-63　移动点

(8) 出现相应的多边形，然后参照背景图片继续创建样条线，如图 5-64 所示。

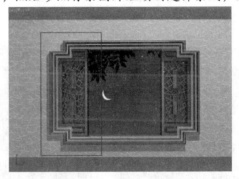

图 5-64　创建样条线

(9) 选择样条线，转化为可编辑多边形，然后选择多边形设置挤出【数量】为 100，把模型转换为可编辑多边形，选择如图 5-65 所示的多边形，在【编辑多边形】卷展栏中单击倒角设置按钮▣，设置参数，如图 5-66 所示。

图 5-65　选择多边形

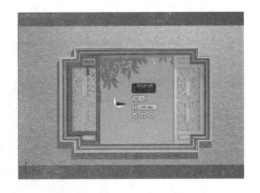

图 5-66　设置倒角参数 1

(10) 使用同样的方法制作其他位置的倒角效果，参数如图 **5-67** 所示，效果如图 **5-68** 所示。

图 5-67　设置倒角参数 2　　　　　　　　图 5-68　倒角效果

(11) 切换到顶视图，移动模型位置，如图 **5-69** 所示。

(12) 选择【点】，移动点的位置，效果如图 **5-70** 所示。

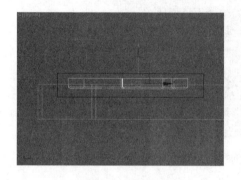
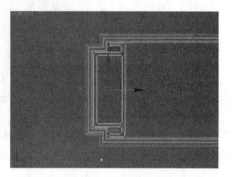

图 5-69　对齐位置　　　　　　　　　图 5-70　移动点的位置

4.　创建花格

(1) 使用样条线创建花格，如图 **5-71** 所示。

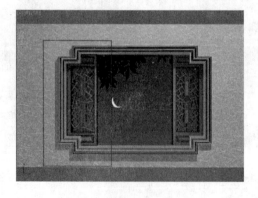

图 5-71　创建花格

(2) 进入修改面板, 打开【渲染】卷展栏, 勾选【在渲染中启用】和【在视口中启用】选项, 设置效果如图 5-72 所示。

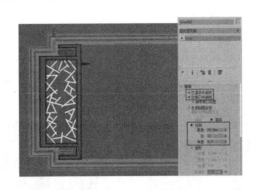

图 5-72　窗格花纹效果

(3) 创建一个矩形, 转换为可编辑样条线, 调整点的位置, 如图 5-73 所示。

(4) 在修改面板中添加【挤出】命令, 设置挤出【数量】为 20, 调整位置, 把模型转换为可编辑多边形, 编辑模型, 单击■按钮, 选择前面的多边形, 单击右键, 在右键菜单中单击【插入】命令设置按钮■, 设置参数, 如图 5-74 所示。

图 5-73　调整点的位置

图 5-74　设置参数

(5) 选择如图 5-75 所示的多边形, 单击右键, 在右键菜单中单击【挤出】命令前面的■图标, 设置【挤出高度】为 10, 如图 5-76 所示。

图 5-75　选择多边形

图 5-76　设置挤出高度

（6）选择该模型，按住 Shift 键复制，如图 5-77 所示，在弹出的对话框中选择【复制】单选按钮。

5. 调整模型

（1）选择半透明显示的模型，选择如图 5-78 所示的多边形，按 Delete 键删除。

（2）打开【捕捉】开关，选择多边形，单击右键，在右键菜单中选择【快速切片】命令，如图 5-79 所示。

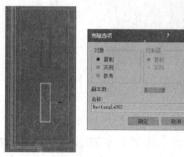

图 5-77　复制模型

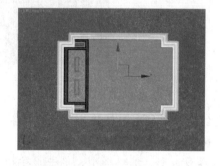

图 5-78　选择多边形

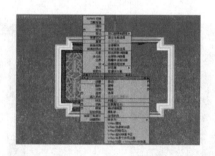

图 5-79　选择【快速切片】命令

（3）在多边形中间位置单击，切开多边形，如图 5-80 所示，选择模型右边的多边形，如图 5-81 所示，按 Delete 键删除。

图 5-80　快速切片

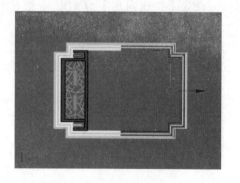

图 5-81　选择右边的多边形

(4) 选择该模型，按 Alt+X 键退出半透明显示模式，选择除了外框之外的模型，选择【组】|【成组】命令，群组模型。在工具栏中单击 按钮，镜像模型，在弹出的对话框中选择【X】和【实例】单选按钮，如图 5-82 所示。

(5) 移动镜像复制的模型到合适位置，检查调整模型，选择所有模型，选择【组】|【解组】命令，再选择【组】|【成组】命令，效果如图 5-83 所示。

图 5-82　镜像模型

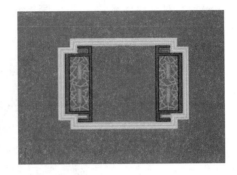

图 5-83　调整模型效果

5.2.2 编辑花窗材质

(1) 打开材质编辑器，选择一个空白的材质球，切换为 VRayMtl 材质类型，把该材质球赋予模型。为【漫反射】加载一张位图贴图，如图 5-84 所示。

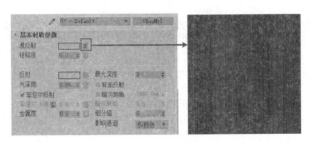

图 5-84　加载贴图

(2) 渲染透视视图，渲染效果如图 5-85 所示。

图 5-85　渲染透视视图效果

5.3 亭子的制作

亭子是供人休息和观赏景观的园林建筑小品。许多引人入胜的园林设计，都离不开亭子的点缀。本案例讲解的亭子是中国古代建筑中最常见的六角亭，最终完成效果如图 5-86 所示。

图 5-86　六角亭

为了精确创建模型，可以在创建模型前导入 CAD 图作为参照。

5.3.1 创建亭子模型

1. 创建亭子平台模型

（1）打开配套资源"第 5 章\亭子平面.Max"文件，场景布置好了亭子的平面和立面图形文件，如图 5-87 所示。

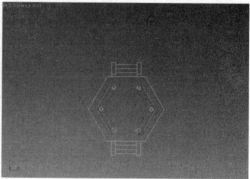

图 5-87　打开平面模型文件

(2) 以平面图为参照,在顶视图中创建样条线,如图 5-88 所示。

(3) 在修改器列表中选择【挤出】命令,设置挤出【数量】为 100,切换到前视图,调整高度,如图 5-89 所示。

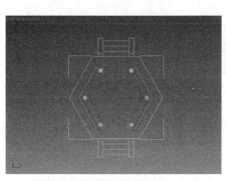

图 5-88　创建样条线

图 5-89　调整高度位置

(4) 将模型转换为可编辑多边形,选择模型下方的多边形,在【编辑多边形】卷展栏中单击【插入】设置按钮■,设置【插入量】为 50,如图 5-90 所示。

(5) 在【编辑多边形】卷展栏中单击【挤出】设置按钮■,设置【挤出高度】为 500,如图 5-91 所示。

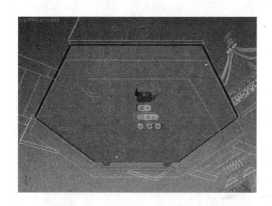

图 5-90　添加【插入】命令

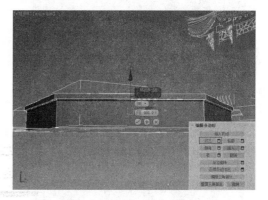

图 5-91　设置【挤出】高度

2.　创建台阶模型

(1) 使用同样的方法创建台阶模型,首先在顶视图中绘制出台阶的轮廓,在修改面板中添加【挤出】命令,设置挤出【数量】为 150,把模型转换为可编辑多边形,单击【连接】设置按钮■,设置【分段】为 2,如图 5-92 所示。

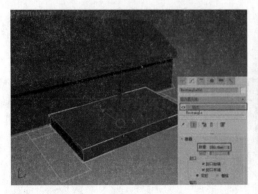
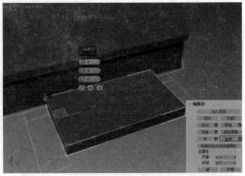

图 5-92　创建台阶

(2) 选择如图 5-93 所示的多边形，在【编辑多边形】卷展栏中单击【挤出】设置按钮 ▣，设置【挤出高度】为 150，如图 5-94 所示。

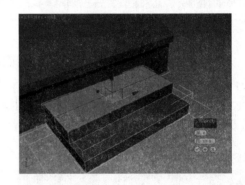

图 5-93　选择多边形　　　　　　　　　　　　图 5-94　挤出多边形

(3) 选择如图 5-95 所示的多边形，在【编辑多边形】卷展栏中再次单击▣按钮，设置【挤出高度】为 150。

(4) 通过【矩形】、【挤出】、【转化多边形】和【切角】命令创建台阶斜坡模型，效果如图 5-96 所示。

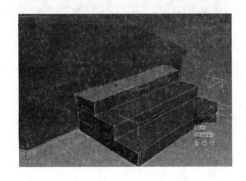

图 5-95　选择多边形　　　　　　　　　　　　图 5-96　台阶斜坡

(5) 按住 Shift 键，拖动斜坡模型，以【实例】的方式复制到另一边，如图 5-97 和图 5-98 所示。

图 5-97　【克隆选项】对话框

图 5-98　实例复制模型

(6) 检查模型，发现台阶和平台模型之间、斜坡和平台模型之间有距离，需要调整，如图 5-99 所示。

(7) 创建模型进行补充，如图 5-100 所示。

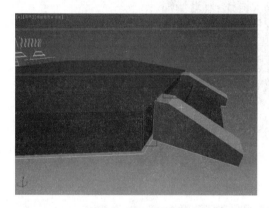

图 5-99　检查模型

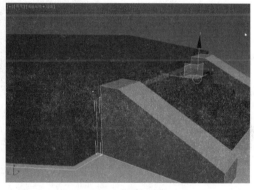

图 5-100　补充模型

(8) 选择顶视图下方的四个模型，选择【组】|【成组】命令，群组模型，单击 按钮，镜像到另一边，如图 5-101 和图 5-102 所示。

图 5-101　【镜像】对话框

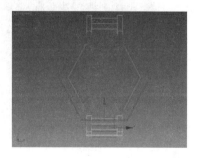

图 5-102　镜像模型效果

(9) 移动复制的模型到合适位置，如图 5-103 所示。

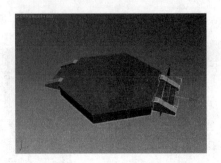

图 5-103　移动镜像模型

3.　创建柱子模型

(1) 打开【捕捉】开关，使用创建样条线工具创建柱子轮廓，如图 5-104 所示。

图 5-104　创建柱子轮廓

(2) 在修改面板中添加【车削】命令，单击 Y 按钮，单击 最大 按钮，选择【轴】，移动【轴】的位置，效果如图 5-105 所示。

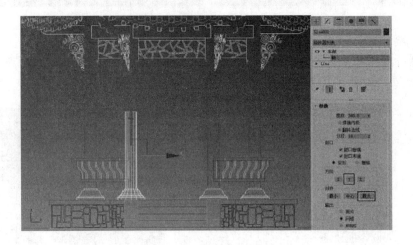

图 5-105　添加车削命令

(3) 把模型转换为可编辑多边形，调整上面顶点的高度位置，如图 5-106 所示。

(4) 切换到顶视图，调整柱子的位置并【实例】复制柱子到其他位置，把柱子模型群组，如图 5-107 所示。

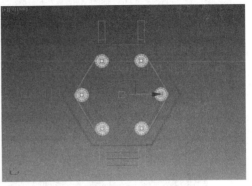

图 5-106　调整顶点高度

图 5-107　群组柱子模型

4．凳子模型

(1) 使用创建亭子平台类似的方法创建出座凳模型的轮廓，在修改面板中添加【挤出】命令，设置挤出【数量】为 60，使用同样的方法创建出另一部分模型，调整位置，如图 5-108 所示。

(2) 使用同样的方法创建出靠背模型的轮廓，在修改器列表中添加【挤出】命令，设置挤出【数量】为 60，使用移动工具和旋转工具调整模型，使之处于合适位置，在修改器列表中添加 FFD 2×2×2 命令，调整模型的形状，调整效果如图 5-109 所示。

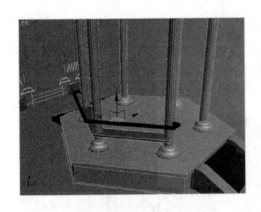

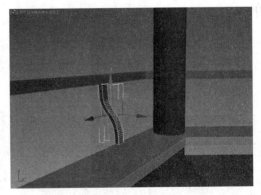

图 5-108　创建座凳

图 5-109　调整模型形状

(3) 以【实例】的方式复制到其他位置，如图 5-110 所示。

(4) 选择座凳和靠背模型，选择【组】|【成组】命令，群组模型，切换到顶视图，单击 按钮，设置镜像参数如图 5-111 所示，将模型镜像到另一边，然后移动至合适位置，效果如图 5-112 所示。

图 5-110　复制靠背模型　　　　　　　　图 5-111　【镜像】对话框

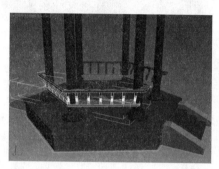

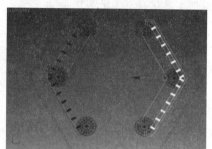

图 5-112　镜像模型效果

5. 花窗模型

（1）使用样条线工具创建出花窗模型的轮廓，在修改面板中添加【挤出】命令，设置挤出【数量】为 20，使用样条线工具创建出花窗外框轮廓，在修改面板中添加【挤出】命令，设置挤出【数量】为 60，移动到合适位置，创建效果如图 5-113 所示。

（2）以【实例】的方式复制到其他位置，效果如图 5-114 所示。

图 5-113　创建花窗模型　　　　　　　　图 5-114　创建花窗模型效果

6. 创建其他装饰模型

(1) 使用【线】工具创建出模型轮廓，在修改器列表中选择【挤出】命令，设置挤出【数量】为 100，效果如图 5-115 所示。

(2) 移动模型的位置，以【实例】的方式复制到其他位置，效果如图 5-116 所示。

图 5-115　挤出效果

图 5-116　复制模型效果

(3) 使用【线】工具创建出花边装饰的轮廓，在实际工作中，里面的花纹基本都是采用古式花纹贴图制作，不用建模，如图 5-117 所示。

(4) 在修改器列表中添加【挤出】命令，设置挤出【数量】为 100，移动模型至合适位置，如图 5-118 所示。

图 5-117　绘制装饰轮廓

图 5-118　移动装饰模型

（5）以【实例】的方式复制 5 个该模型并移动到合适位置，如图 5-119 所示。

（6）使用类似的方法创建其他位置的模型，创建效果如图 5-120 所示。

7. 亭子顶部模型

（1）使用样条线工具创建出轮廓，如图 5-121 所示。

（2）在修改面板中添加【车削】命令，单击 Y 按钮，单击 最小 按钮，勾选【焊接内核】和【翻转法线】选项，如图 5-122 所示，效果如图 5-123 所示。

（3）使用【线】工具绘制出轮廓，如图 5-124 所示。

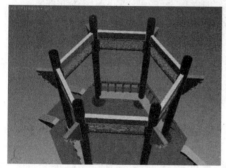

图 5-119　复制模型

图 5-120　创建其他装饰模型效果

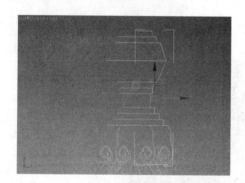

图 5-121　顶部花式轮廓

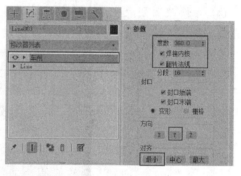

图 5-122　设置车削参数

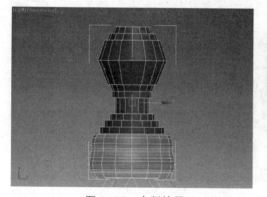

图 5-123　车削效果

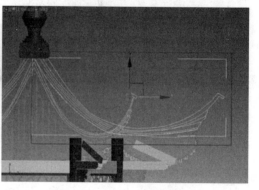

图 5-124　创建轮廓

(4) 在修改面板中添加【挤出】命令，设置挤出【数量】为 100，效果如图 5-125 所示。

图 5-125　添加挤出效果

技巧：单击 ▣ 进入层次面板，将旋转对象的轴心移动至六角亭的中心，可以方便旋转复制操作。

(5) 按住 Shift 键旋转并复制模型，旋转角度为 60°，调整位置，如图 5-126 所示。

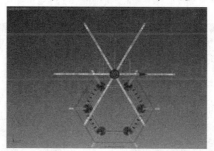

图 5-126　旋转复制模型

(6) 继续创建模型的轮廓，如图 5-127 所示，选择样条线，单击 ▭ 轮廓 ▭ 按钮，设置【轮廓】数量为 100，按 Enter 键确认，在修改器列表中添加【挤出】命令，设置挤出【数量】为 3500，【分段】为 13，调整模型的高度和位置，效果如图 5-128 所示。

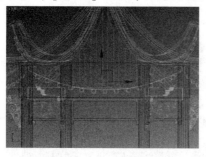

图 5-127　模型轮廓

图 5-128　挤出效果

(7) 在修改面板中添加 FFD3×3×3 命令，选择【控制点】，调整位置，调整效果如图 5-129 所示。

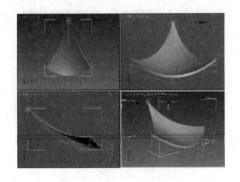

图 5-129　调整控制点效果

(8) 把模型转换为可编辑多边形，选择【边】，选择如图 5-130 所示的边，单击 利用所选内容创建图形 按钮，创建图形，选择该图形，在【渲染】卷展栏中勾选【在渲染中启用】和【在视口中启用】选项，设置径向【厚度】为 100，如图 5-131 所示。

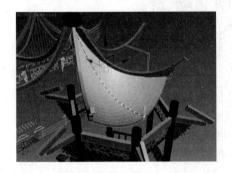

图 5-130　选择边

图 5-131　创建图形效果

(9) 调整高度，以【实例】的方式复制 16 对象到其他位置并成组，如图 5-132 所示，效果如图 5-133 所示。

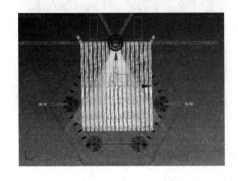

图 5-132　实例复制模型

图 5-133　复制模型效果

（10）在修改面板中添加FFD3×3×3命令，调整控制点位置，模型变形效果如图5-134所示。

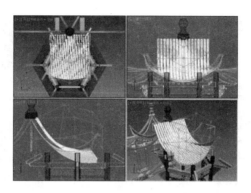

图 5-134　调整控制点效果

（11）在修改面板中添加【切片】命令，选择【切片平面】，旋转并移动至合适位置，选择【移除底部】单选按钮，如图5-135所示，效果如图5-136所示。

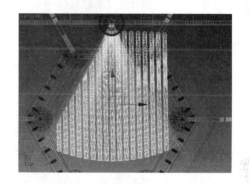

图 5-135　设置切片参数 1　　　　　图 5-136　设置切片效果 1

（12）再次在修改面板中添加【切片】命令，选择【切片平面】，旋转并移动至合适位置，选择【移除顶部】单选按钮，如图5-137所示，效果如图5-138所示。

图 5-137　设置切片参数 2　　　　　图 5-138　设置切片效果 2

（13）向下复制模型，在修改面板中选择 Line，选择【矩形】单选按钮，设置【长度、宽度】均为 100，如图 5-139 所示，效果如图 5-140 所示。

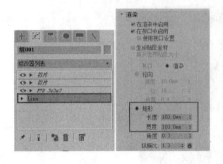

图 5-139　设置参数

图 5-140　设置线效果

（14）调整模型的位置，调整效果如图 5-141 所示。

图 5-141　调整位置效果

（15）选择这三个模型并复制到其他位置，如图 5-142 和图 5-143 所示。

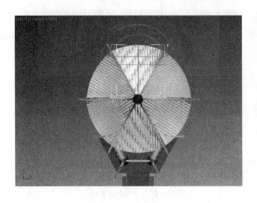

图 5-142　顶视图效果

图 5-143　透视图效果

（16）选择顶部模型移动到合适位置，如图 5-144 和图 5-145 所示。

图 5-144　顶视图中移动的位置　　　　图 5-145　移动顶部模型透视图效果

（17）检查模型，发现在结构上尚有不足，需要补充，如图 5-146 所示，调整其他位置模型的不足，调整后的效果如图 5-147 所示。

图 5-146　缺少支撑点　　　　　　　　图 5-147　完善模型

5.3.2 编辑亭子材质

1. 台阶材质

（1）打开材质编辑器，选择台阶模型，选择一个空白的材质球，把该材质球赋予选择的模型，在其【漫反射颜色】通道中添加一张砖纹位图，设置【高光级别】和【光泽度】参数，如图 5-148 所示。

图 5-148　台阶材质

（2）以【实例】的方式复制贴图至【凹凸】通道中，设置凹凸【数量】为 60，如图 5-149 所示。

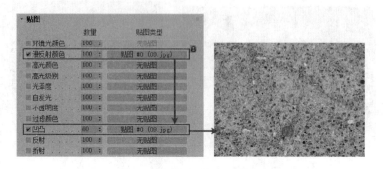

图 5-149　复制贴图

（3）在修改面板中添加【UVW 贴图】修改器，设置贴图方式为【长方体】，设置【长度、宽度、高度】均为 1000，如图 5-150 所示。

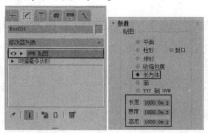

图 5-150　设置贴图坐标

（4）为了方便编辑材质，把编辑过材质的模型暂时隐藏。单击右键，在右键菜单中选择【隐藏当前选择】命令，隐藏所选择的模型。

2. 平台材质

选择平台底部的多边形，单击　分离　按钮，分离模型，如图 5-151 所示。

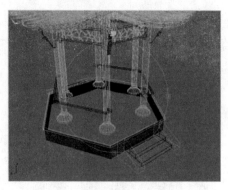

图 5-151　选择多边形

(1) 在材质编辑器中选择一个空白的材质球并赋予分离的模型，在其【漫反射颜色】通道中添加一张石材位图，设置【高光级别】和【光泽度】参数，如图 5-152 所示。

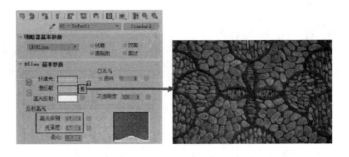

图 5-152　添加石材位图

(2) 以【实例】的方式复制贴图至【凹凸】通道中，设置凹凸【数量】为 80，如图 5-153 所示。

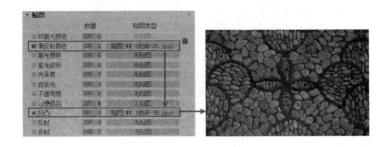

图 5-153　复制贴图

(3) 在修改器列表中选择【UVW 贴图】修改器，设置贴图方式为【长方体】，设置【长度】【宽度】【高度】均为 500，如图 5-154 所示。

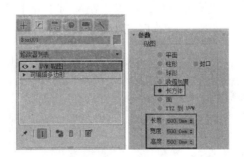

图 5-154　设置贴图坐标

(4) 隐藏所选择的模型。

(5) 使用同样的方法编辑另一部分的材质，该材质的设置和台阶材质的设置一样，可以直接把台阶材质复制到该材质球上，或者直接把台阶材质赋予所选择的模型。

（6）选择一个空白材质球，赋予模型，选择台阶材质球，在 `Standard` 按钮上单击右键，选择【复制】命令，选择平台模型的材质球，在 `Standard` 按钮上单击右键，选择【粘贴（实例）】命令，如图 5-155 所示。

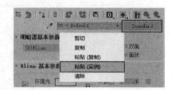

图 5-155　复制材质

（7）在修改面板中添加【UVW 贴图】修改器，设置贴图方式为【长方体】，设置【长度、宽度、高度】均为 1000，如图 5-156 所示。

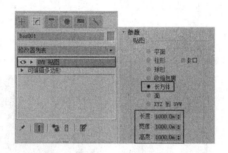

图 5-156　设置贴图坐标

（8）隐藏此材质球所对应模型。

3. 其他模型的材质

（1）选择柱子等模型，如图 5-157 所示，选择一个空白的材质球，将材质切换为 VrayMtl 材质类型，把该材质球赋予选择的模型，设置【漫反射】和【反射】颜色值，调节【高光光泽度】和【反射光泽度】参数，如图 5-158 所示。

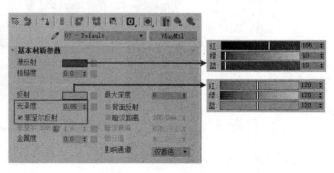

图 5-157　选择模型　　　　　　　　　　图 5-158　设置材质参数 1

（2）显示全部模型，渲染透视视图，渲染结果如图 5-159 所示。

图 5-159　渲染效果

5.4 拱桥的制作

园林中的桥可以联系风景点的水陆交通，组织游览线路，变换观赏视线，点缀水景，兼有交通和艺术欣赏的双重作用。桥的形式有很多种，例如，平桥、拱桥等。本案例讲述的是单拱桥的制作，制作效果如图 5-160 所示。

图 5-160　拱桥

5.4.1 创建拱桥模型

拱桥模型的创建主要用到了【圆角】命令。

1. 创建桥拱模型

（1）打开 3ds max 2020，单击创建面板中的 按钮，进入图形创建面板。

（2）单击　　矩形　　按钮，在前视图创建一个矩形，设置矩形的【长度】为 3000，【宽度】为 15000，如图 5-161 所示。

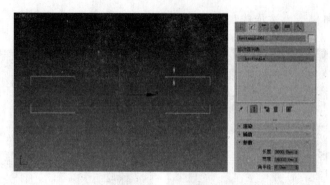

图 5-161　创建矩形

（3）将矩形转换为可编辑样条线，按 2 键进入【线段】层级，选择其中两条线段，在【几何体】卷展栏中设置【拆分】数量为 3，单击　拆分　按钮，选择的线段均分为四段，如图 5-162 所示。

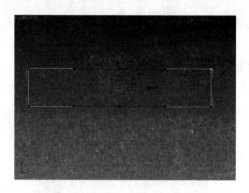

图 5-162　拆分线段

（4）按 1 键进入顶点层级，选择全部的点，单击右键，在菜单中选择【角点】命令，把所有的点转换为【角点】，调整点的位置，如图 5-163 所示。

（5）选择点，在【几何体】卷展栏中设置【圆角】参数，如图 5-164 所示。

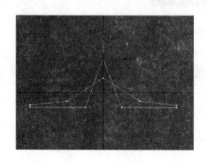

图 5-163　调整点的位置

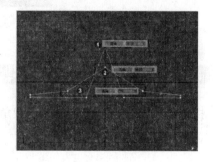

图 5-164　圆角参数

（6）按 2 键进入【线段】层级，勾选【复制】选项，单击 分离 按钮，复制曲线，如图 5-165 所示。

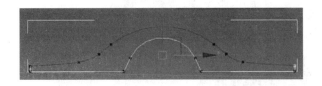

图 5-165　复制曲线

（7）在修改面板中添加【挤出】命令，设置挤出【数量】为 3500，如图 5-166 所示，挤出效果如图 5-167 所示。

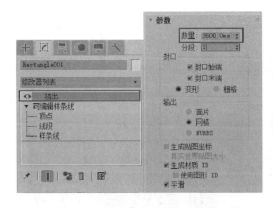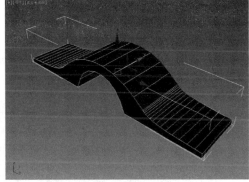

图 5-166　添加【挤出】命令　　　　　　　图 5-167　挤出效果

2．创建护栏模型

（1）选择复制的曲线【图形 1】，按 3 键进入样条线层级，在【几何体】卷展栏中单击 轮廓 按钮，设置【轮廓】参数为 -500，如图 5-168 所示，按 Enter 键确认，效果如图 5-169 所示。

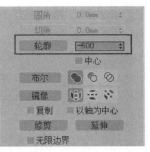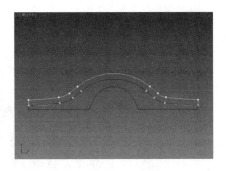

图 5-168　设置轮廓值　　　　　　　图 5-169　添加轮廓

（2）在修改面板中添加【挤出】命令，设置挤出【数量】为100，如图 5-170 所示。

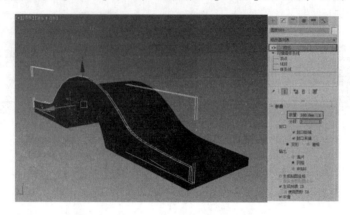

图 5-170　添加挤出修改器

（3）在前视图中沿护栏模型的边绘制一条开放的曲线，在【渲染】卷展栏中进行设置，如图 5-171 所示。

（4）调整护栏的位置，如图 5-172 所示。

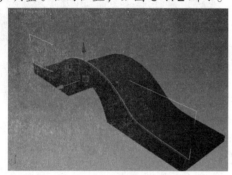 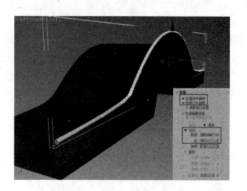

图 5-171　设置曲线参数　　　　　　　　　　　图 5-172　调整位置

3．创建桥拱边沿模型

（1）选择如图 5-173 所示的线段，复制并设置复制图形样条线的【轮廓】参数。

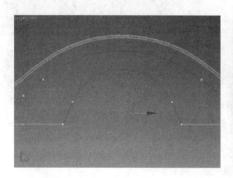 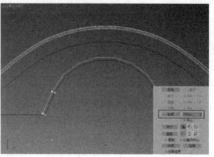

图 5-173　复制选择的线段

(2) 调整点的位置，在修改面板中添加【挤出】命令，设置挤出【数量】为 50，调整位置，效果如图 5-174 所示。

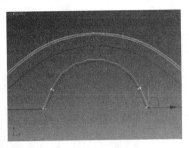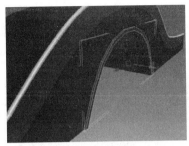

图 5-174　调整桥拱边沿效果

4．创建桥柱模型

(1) 创建一个长方体作为底柱模型，设置参数如图 5-175 所示，在【扩展基本体】面板中，单击 切角圆柱体 按钮，创建柱头模型，设置参数如图 5-176 所示，调整至合适位置，效果如图 5-177 所示。

图 5-175　长方体参数　　图 5-176　切角圆柱体参数　　图 5-177　桥柱效果

(2) 使用缩放的方式创建一个桥柱模型，效果如图 5-178 所示。

(3) 复制 11 个小型桥柱，并调整好位置，如图 5-179 所示。

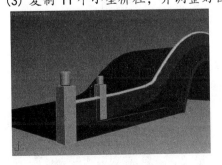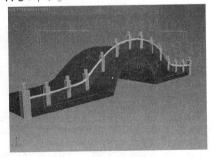

图 5-178　创建桥柱模型　　　　　　　图 5-179　复制桥柱模型

5. 创建台阶模型

（1）台阶模型形状比较简单，单击长方体按钮，分别创建（长 3300，宽 2200，高 150）和（长 3300，宽 1000，高 150）两个对象，如图 5-180 所示。

（2）将两个长方形对象组合成阶梯，如图 5-181 所示。

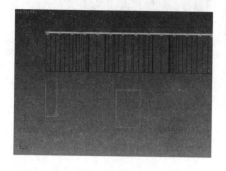
图 5-180　创建长方体

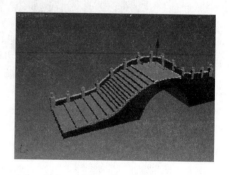
图 5-181　拼贴阶梯

（3）选择拼贴好的阶梯，复制到另一侧，效果如图 5-182 所示。

图 5-182　创建台阶模型

（4）选择护栏、桥柱和桥拱边沿模型，复制到另一边，并放到合适位置，如图 5-183 所示。

（5）将桥柱和护栏模型群组，桥拱和桥拱边沿模型群组，台阶群组，最终模型效果如图 5-184 所示。

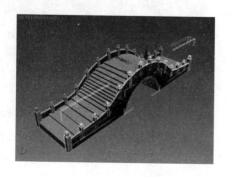
图 5-183　复制模型

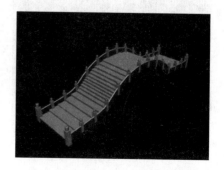
图 5-184　最终模型效果

5.4.2 编辑拱桥材质

1. 桥拱材质

(1) 打开材质编辑器，选择桥拱模型所在的组，选择一个空白的材质球，将该材质球赋予选择的模型，在其【漫反射颜色】通道中添加一张砖纹位图，设置【高光级别】和【光泽度】参数，如图 5-185 所示。

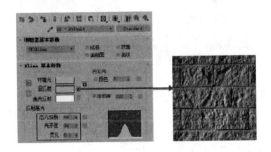

图 5-185　桥拱材质

(2) 复制该贴图至【凹凸】通道中，在弹出的对话框中选择【实例】单选按钮，设置凹凸【数量】为 100，如图 5-186 所示。

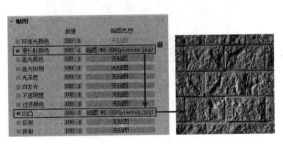

图 5-186　复制贴图

(3) 在修改面板中添加【UVW 贴图】修改器，设置贴图方式为【长方体】，设置【长度】【宽度】【高度】均为 500，如图 5-187 所示。

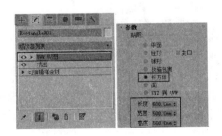

图 5-187　设置贴图坐标

2. 桥柱和护栏材质

（1）选择桥柱和护栏模型所在的组，选择一个空白的材质球，将该材质赋予选择的模型，在其【漫反射颜色】通道中添加一张石材位图，设置【高光级别】和【光泽度】参数，如图 5-188 所示。

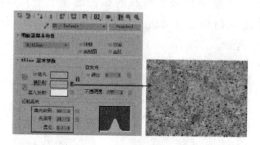

图 5-188　在【漫反射颜色】通道中添加石材位图

（2）在修改面板中添加【UVW 贴图】修改器，设置贴图方式为【长方体】，设置【长度】【宽度】【高度】均为 500，如图 5-189 所示。

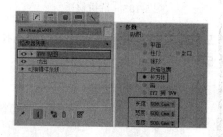

图 5-189　设置贴图坐标

3. 台阶材质

（1）选择台阶模型所在的组，选择一个空白的材质球，将该材质球赋予选择的模型，在其【漫反射颜色】通道中添加一张路面石材位图，设置【高光级别】和【光泽度】参数，如图 5-190 所示。

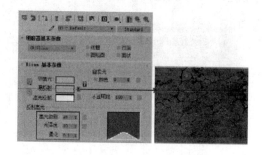

图 5-190　台阶材质

(2) 复制该贴图至【凹凸】通道中，在弹出的对话框中选择【实例】单选按钮，设置凹凸【数量】为 60，如图 5-191 所示。

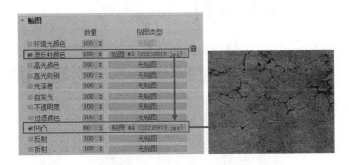

图 5-191　复制贴图

(3) 在修改面板中添加【UVW 贴图】修改器，设置贴图方式为【长方体】，设置【长度、宽度、高度】均为 2000，设置【对齐】轴向为 X 轴，如图 5-192 所示。

图 5-192　设置贴图坐标

5.4.3 渲染效果

渲染透视视图，效果如图 5-193 所示。

图 5-193　渲染透视视图效果

5.5 拉膜的制作

本案例讲述拉膜的制作。拉膜是现代广场不可缺少的元素之一，不同的拉膜设计传达出设计师不同的设计理念，本案例拉膜模型的制作效果如图 5-194 所示。

图 5-194　拉膜的制作效果

5.5.1 创建拉膜模型

拉膜模型的制作主要采用 NURBS 曲面制作。

1．膜的创建

（1）打开 3ds max 2020，在【几何体】面板的下拉菜单中选择【NURBS 曲面】，如图 5-195 所示。

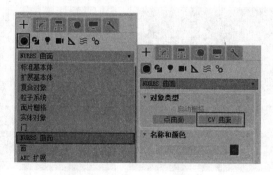

图 5-195　NURBS 曲面面板

（2）单击 CV 曲面 按钮，在顶视图中创建曲面，设置【长度】为 1000，【宽度】为 2000，设置【长度 CV 数】为 7，设置【宽度 CV 数】为 5，如图 5-196 所示。

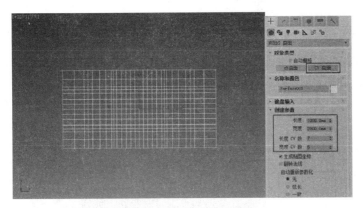

图 5-196　创建 NURBS 曲面

(3) 进入修改面板，选择【曲面 CV】，选择绿色的点进行形状的调整，如图 5-197 所示。

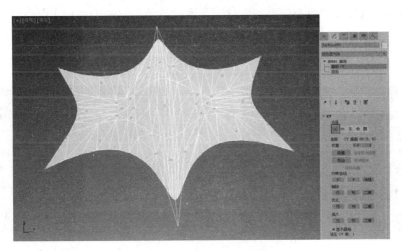

图 5-197　调整形状

(4) 在透视图中调整高度，调整效果如图 5-198 所示。

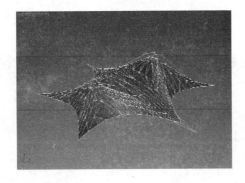

图 5-198　调整高度效果

2. 支架的创建

（1）创建一个【半径】为 30、【高度】为 1100 的圆柱体，并转换为可编辑多边形，调整圆柱体的位置和高度，如图 5-199 所示。

图 5-199　调整圆柱体

（2）选择圆柱最上方的面，单击右键，在右键菜单中单击【挤出】命令前面的 ▣ 图标，如图 5-200 所示，设置【挤出高度】为 10。

（3）使用缩放工具调整大小，如图 5-201 所示。

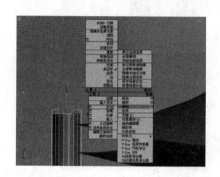

图 5-200　添加挤出命令

图 5-201　缩放多边形的大小

（4）继续添加【挤出】命令，设置【挤出高度】为 30，并调整点的高度，如图 5-202 所示。

（5）选择上方的多边形，继续使用【挤出】命令和【插入】命令，并配合缩放工具调整形状和大小，调整效果如图 5-203 所示。

图 5-202　调整点的高度

图 5-203　调整形状效果

(6) 在顶视图中创建一个【长度】为 10,【宽度】为 10,【高度】为 100 的长方体,调整位置,并【实例】复制到其他位置,如图 5-204 所示。

图 5-204　创建长方体

(7) 在顶视图中创建一个圆锥体作为支柱顶部模型,参数如图 5-205 所示,效果如图 5-206 所示。

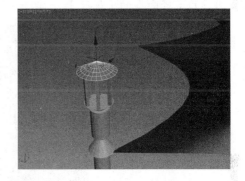

图 5-205　圆锥体参数　　　　　　　　　图 5-206　创建圆锥体

(8) 选择支架模型并复制到其他位置,调整到合适位置,如图 5-207 所示。

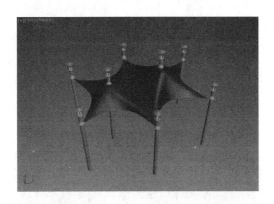

图 5-207　复制支架到合适位置

（9）调整支架的倾斜度，使支架不呆板，效果如图 5-208 所示。

图 5-208　调整支架倾斜度

3. 创建拉膜

（1）创建二维曲线，在【渲染】卷展栏中，勾选【在渲染中启用】和【在视口中启用】选项，设置【径向】的【厚度】为 4，效果如图 5-209 所示。

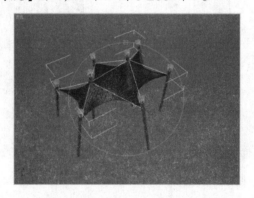

图 5-209　创建拉膜

（2）渲染透视视图，最终拉膜模型效果如图 5-210 所示。

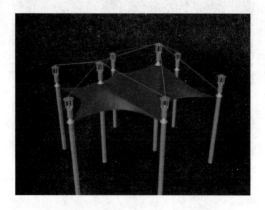

图 5-210　模型在透视视图中的效果

5.5.2 编辑拉膜材质

(1) 选择一个材质球，把该材质球赋予拉膜，设置材质的明暗器类型为 Phong，在【Phong 基本参数】卷展栏中单击 按钮，解除【环境光】和【漫反射】的颜色锁定，设置【环境光】和【漫反射】颜色，勾选【双面】选项，设置【高光级别】和【光泽度】参数，如图 5-211 所示。

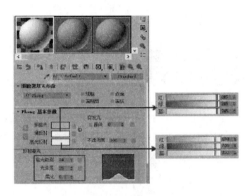

图 5-211　拉膜材质

(2) 选择另外一个材质球，赋予其他模型，设置【漫反射】颜色，设置【高光级别】和【光泽度】参数，如图 5-212 所示。

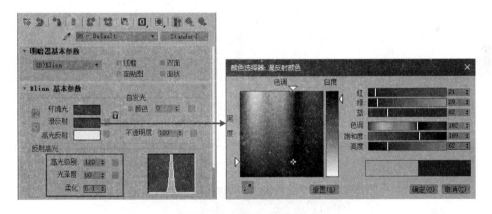

图 5-212　支架和拉膜材质

5.5.3 渲染效果

渲染透视视图，效果如图 5-213 所示。

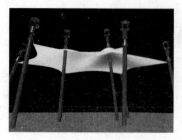

图 5-213　渲染透视视图效果

5.6　喷泉的制作

　　喷泉是为了造景的需要，而人工建造的具有装饰性的喷水装置。喷水可以湿润周围空气，减少尘埃，降低气温。本实例制作一款造型别致的叠水喷泉造型，制作效果如图 5-214 所示。

图 5-214　叠水喷泉

5.6.1 创建喷泉模型

1．一层水池模型

　　（1）打开 3ds max 2020，在顶视图中创建一个【半径】为 4900，【高度】为 150 的圆柱体，如图 5-215 所示。

图 5-215　创建圆柱体

(2) 在顶视图中创建一个【长度】【宽度】为 6900 的矩形图形，单击【对齐】按钮██，在【对齐当前选择】对话框中进行设置，把矩形和圆柱中心对齐，如图 5-216 所示。

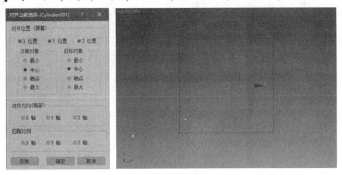

图 5-216　设置对齐参数

(3) 选择矩形，将其转换为可编辑样条线，在修改面板中选择【线段】层级，设置【拆分数量】为 3，选择这四条线段，单击████ 拆分 ████按钮进行拆分，如图 5-217 所示。

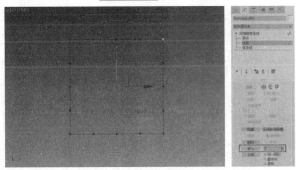

图 5-217　拆分线段

(4) 选择左边线段中间的顶点，将其向【X 轴】负方向移动 2500，单击████ 圆角 ████按钮，设置【圆角】数量为 2800，效果如图 5-218 所示。

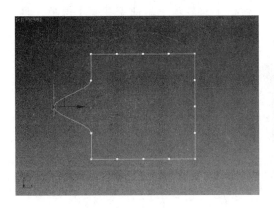 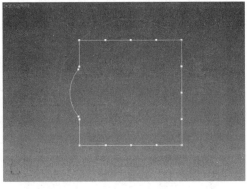

图 5-218　圆角效果

（5）使用同样的方法制作其他地方的圆角，完成效果如图 5-219 所示。

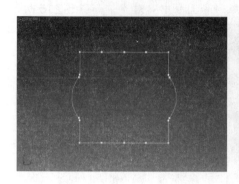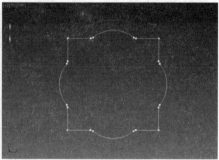

图 5-219　其他三处的圆角效果

（6）在修改面板中添加【挤出】命令，设置挤出【数量】为 150，在前视图中调整高度，如图 5-220 所示。

图 5-220　添加挤出

（7）选择如图 5-221 所示的样条线，在【几何体】卷展栏中勾选【复制】选项，单击 分离 按钮，如图 5-222 所示。

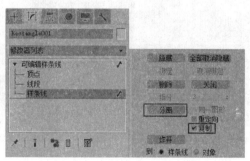

图 5-221　选择样条线　　　　　　　图 5-222　复制样条线

(8) 使用缩放工具调整复制样条线的大小，在修改面板中添加【挤出】命令，设置挤出【数量】为 300，调整高度如图 5-223 所示。

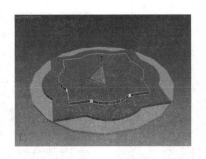

图 5-223　创建模型效果

(9) 单击【线】按钮创建曲线，在【渲染】卷展栏中勾选【在渲染中启用】和【在视图中启用】选项，设置【厚度】为 200，【边】为 12，如图 5-224 所示，调整顶点，效果如图 5-225 所示。

图 5-224　渲染设置

图 5-225　创建样条线

(10) 以【实例】方式复制到其他位置，调整高度，顶视图效果如图 5-226 所示。

(11) 选择最上方的模型并转换为可编辑多边形，选择上方的多边形，单击右键，在右键菜单中单击【挤出】命令前面的□图标，设置【挤出高度】为 50，如图 5-227 所示。

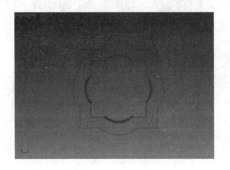

图 5-226　复制模型

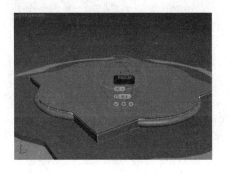

图 5-227　选择边

（12）选择如图 5-228 所示的边，单击 环形 按钮，再单击右键，在右键菜单中选择
【转换到面】命令，效果如图 5-229 所示。

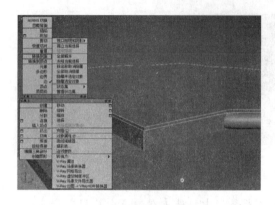

图 5-228 选择转换到面命令

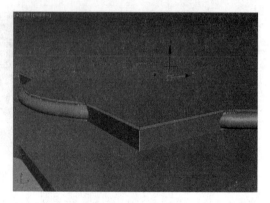

图 5-229 选择转换到面效果

（13）单击右键，对所选择的多边形进行【挤出高度】的设置，效果如图 5-230 所示。

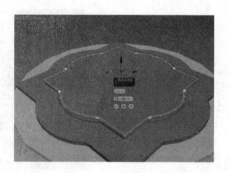

图 5-230 挤出边缘效果

（14）选择如图 5-231 所示的边，进行【切角】设置，设置【切角量】为 12，单击⊕按
钮，再次设置【切角量】为 5，单击☑按钮，如图 5-232 所示。

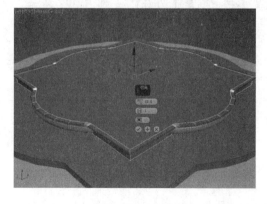

图 5-231 选择边

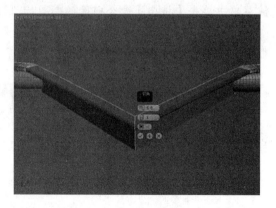

图 5-232 切角效果

(15) 选择上方的多边形，单击右键，在右键菜单中单击【插入】命令前面的▣图标，如图 5-233 所示。

(16) 设置【插入量】为 350，再进行【挤出】设置，设置【挤出高度】为-50，如图 5-234 所示。

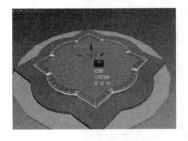 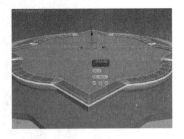

图 5-233　选择插入命令　　　　　图 5-234　设置挤出高度参数

(17) 在【编辑几何体】卷展栏中单击 分离 按钮，分离多边形，如图 5-235 所示。

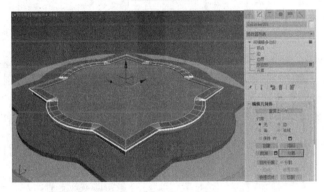

图 5-235　分离多边形

2. 一层支柱模型

(1) 在顶视图中创建一个圆柱体，设置参数如图 5-236 所示，移动至合适位置，调整高度，效果如图 5-237 所示。

 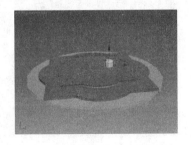

图 5-236　设置圆柱参数　　　　　图 5-237　创建圆柱

（2）在前视图中绘制出一条开放的轮廓线，如图 5-238 所示。

图 5-238　绘制轮廓线

（3）在修改面板中添加【车削】命令，单击 **Y** 按钮，单击 **最小** 按钮，勾选【翻转法线】选项，选择【轴】，调整【轴】的位置，如图 5-239 所示，效果如图 5-240 所示。

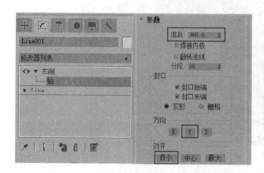

图 5-239　设置车削参数

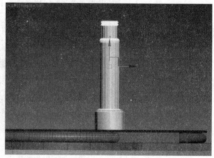

图 5-240　调整车削效果

（4）将模型转换为可编辑多边形，选择如图 5-241 所示的边，单击右键，设置【挤出边】参数，效果如图 5-242 所示。

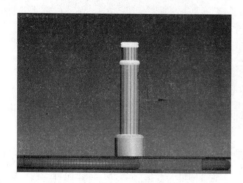

图 5-241　选择边

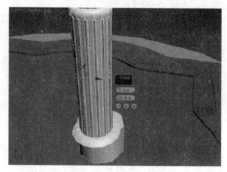

图 5-242　挤出效果

(5) 调整支柱的位置，并复制到其他位置，效果如图 5-243 所示。

3. 二层水池模型

(1) 在前视图中绘制一条开放的曲线，如图 5-244 所示。

(2) 在修改面板中添加【车削】命令，单击 Y 按钮，单击 中心 按钮，选择【轴】，调整【轴】的位置，如图 5-245 所示，调整效果如图 5-246 所示。

图 5-243　复制柱子

图 5-244　绘制曲线

图 5-245　设置车削参数

图 5-246　车削效果

(3) 将模型转换为可编辑多边形，进入【边界】修改层级，选择如图 5-247 所示的边界，在【编辑边界】卷展栏中单击 封口 按钮，效果如图 5-248 所示。

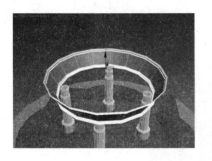

图 5-247　选择边界

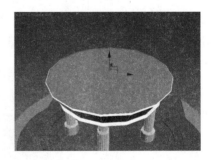

图 5-248　封口效果

(4) 选择【多边形】，选择模型最上方的面，单击右键，在右键菜单中单击【插入】命令前面的■图标，设置【插入量】为 100，同样的方法设置【挤出多边形】参数，设置【挤出高度】为-50，如图 5-249 所示，效果如图 5-250 所示。

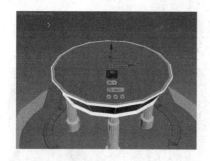
图 5-249　设置插入和挤出参数

图 5-250　挤出效果

(5) 将模型移动至合适位置，调整模型的顶点，使模型更美观。选择如图 5-251 所示以红色显示的多边形，在【编辑几何体】卷展栏中单击 分离 按钮，分离多边形，如所示。

(6) 在顶视图中创建星形，设置【星形】的参数，如图 5-252 所示。

图 5-251　分离对象

图 5-252　设置星形参数

(7) 将星形转换为可编辑样条线，选择样条线，单击 轮廓 按钮，设置【轮廓】数量为 50，按 Enter 键确认，如图 5-253 所示。

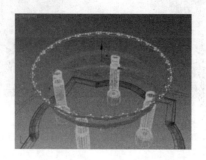
图 5-253　设置轮廓值

(8) 在修改面板中添加【挤出】命令，设置挤出【数量】为400，【分段】为7，在修改面板中添加 FFD（圆柱体）命令，设置【点数】为 6×2×3，如图 5-254 所示，调整形状，效果如图 5-255 所示。

图 5-254　添加 FFD（圆柱体）命令　　　　　图 5-255　调整效果

4．三层水池和支柱模型

选择二层水池和一层支柱模型并成组，复制并缩放，放到至合适位置，效果如图 5-256 所示。

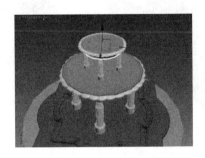

图 5-256　复制模型

5．顶部装饰

(1) 在顶视图中绘制如图 5-257 所示的曲线。

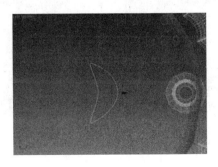

图 5-257　绘制曲线

（2）在修改面板中添加【挤出】命令，设置挤出【数量】为 450，设置【分段】为 15。

（3）在修改面板中添加 FFD 3×3×3 命令，选择【控制点】，调整模型的形状，效果如图 5-258 所示。

图 5-258　调整 FFD 控制点

（4）在修改面板中添加【弯曲】命令，设置弯曲【角度】为 60，弯曲【轴】为 Z 轴，在前视图中调整 Gizmo 位置，如图 5-259 所示。

（5）在修改面板中添加 FFD 3×3×3 命令，选择【控制点】，调整模型的形状，以【实例】的方式复制模型并调整模型的位置，如图 5-260 所示。

图 5-259　弯曲效果　　　　　　　　　　图 5-260　复制模型

（6）使用类似的方法制作出另外一部分装饰，效果如图 5-261 所示。

（7）创建一个【半径】为 50 的圆柱并置于装饰模型的中心，转换为可编辑多边形，对圆柱进行编辑，编辑效果如图 5-262 所示。

图 5-261　装饰模型　　　　　　　　　　图 5-262　编辑圆柱效果

（8）在顶视图中创建一个星形，参数如图 5-263 所示，将星形转换为可编辑样条线，选择样条线，设置【轮廓】值为 10，在修改面板中添加【挤出】命令，设置挤出【数量】为 100，设置【分段】为 10，如图 5-264 所示。

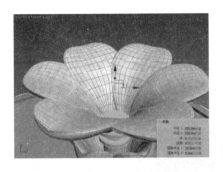

图 5-263　设置星形参数

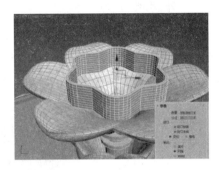

图 5-264　挤出模型

（9）在修改面板中添加 FFD（圆柱体）命令，设置【点数】为 6×2×3，如图 5-265 所示，选择【控制点】，调整形状，调整效果如图 5-266 所示。

图 5-265　添加 FFD（圆柱体）命令

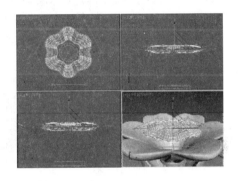

图 5-266　调整 FFD 控制点效果

（10）把顶部装饰的模型成组，并放到合适位置，效果如图 5-267 所示。

（11）观察整体效果，上面的装饰显得有点小，需要调整，使用缩放工具调整大小，并调整高度，调整效果如图 5-268 所示。

图 5-267　移动模型

图 5-268　调整效果

5.6.2 编辑喷泉材质

1. 水材质

（1）打开材质编辑器，选择一个空白的材质球，选择水面模型，把该材质球赋予选择的模型，设置【漫反射颜色】通道中添加一张水纹位图，裁剪位图，设置【数量】为 70，设置【高光级别】和【光泽度】参数，如图 5-269 所示。

图 5-269　水材质

（2）在【凹凸】通道中添加噪波贴图，设置参数，如图 5-270 所示。

（3）在修改面板中添加【UVW 贴图】修改器，设置贴图方式为【长方体】，设置【长度】【宽度】【高度】均为 3000，如图 5-271 所示。

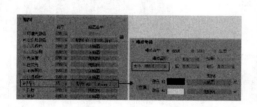
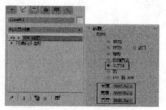

图 5-270　添加噪波贴图　　　　图 5-271　设置贴图坐标

2. 一层水池模型材质

（1）选择一个空白的材质球，选择一层水池模型，把该材质球赋予选择的模型，在其【漫反射颜色】通道中添加平铺贴图并对平铺贴图进行设置，设置【高光级别】和【光泽度】参数，如图 5-272 所示。

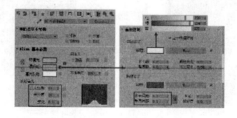

图 5-272　水池材质

(2) 以【实例】的方式复制贴图至【凹凸】通道中，如图 5-273 所示。

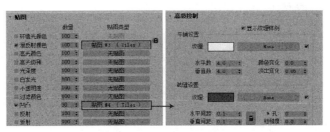

图 5-273　复制贴图

(3) 在修改面板中添加【UVW 贴图】修改器，设置贴图方式为【长方体】，设置【长度】【宽度】【高度】均为 1000，如图 5-274 所示。

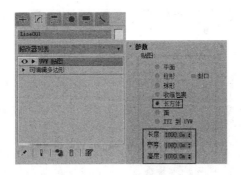

图 5-274　设置贴图坐标

3.　其他模型的材质

(1) 选择一个空白的材质球，选择其他的模型，将该材质球赋予选择的模型，在其【漫反射颜色】通道中添加一张大理石位图，裁剪位图，设置【高光级别】和【光泽度】参数，如图 5-275 所示。

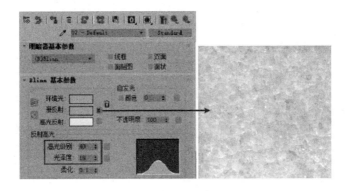

图 5-275　其他模型的材质

（2）在修改面板中添加【UVW 贴图】修改器，设置贴图方式为【长方体】，设置【长度】【宽度】【高度】均为 1000，如图 5-276 所示。

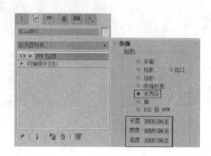

图 5-276　设置贴图坐标

5.6.3 渲染效果

渲染透视视图，渲染效果如图 5-277 所示。

图 5-277　喷泉效果

第6章

别墅庭院景观表现

本案例是讲述别墅庭院景观的表现。庭院是以建筑物从四面或三面围合成一个庭院空间，在这个比较小而封闭的空间里面点缀山池，配置植物。

本案例讲解了庭院景观从前期建模到后期制作的全过程，最终完成效果如图 6-1 所示。读者可借此熟悉园林效果图制作的思路和流程。

图 6-1　别墅庭院

6.1 创建模型

　　为了加快建模速度和创建准确的模型，本案例导入 CAD 图纸辅助创建。对于比较复杂的模型，可以调用模型库相关文件，以节省创建模型的时间。

6.1.1 整理并导入 CAD 图

　　在开始创建模型之前，需要整理 CAD 图并把 CAD 图导入到 3ds max 2020 软件中。

1. 整理 CAD 图

在整理 CAD 图之前需要备份一份原始的 CAD 图。

(1) 打开 CAD 平面图，如图 6-2 所示。

(2) 把多余部分删除，整理 CAD 平面图，效果如图 6-3 所示。

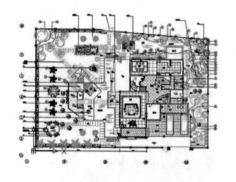

图 6-2　打开 CAD 平面图　　　　　图 6-3　整理 CAD 平面图

(3) 使用同样的方法整理出花架和亭子的立面 CAD 图，效果如图 6-4 所示。

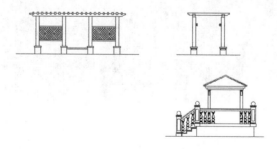

图 6-4　整理立面 CAD 图

2. 导入 CAD 图

(1) 打开 3ds max 2020，选择【自定义】|【单位设置】命令，在【单位设置】对话框中选择【公制】单选按钮，在下拉菜单中选择【毫米】，单击 系统单位设置 按钮，设置【系统单位】参数，如图 6-5 所示。

图 6-5　设置单位

> 提　示：AutoCAD 施工图一般使用毫米作为绘图单位，因此 3ds max 也应该设置场景单位为毫米，以与施工图匹配。

(2) 选择【文件】|【导入】|【导入】命令，导入 CAD 图，首先导入平面图，如图 6-6 所示。

图 6-6　选择导入文件

(3) 在弹出的对话框中选择【重缩放】，设置【传入的文件单位】为【毫米】，如图 6-7 所示。

(4) 选择导入的 CAD 图选择【组】|【成组】命令，把该组命名为平面图，为了方便建模，设置该 CAD 图的坐标为 0,0,0，如图 6-8 所示。

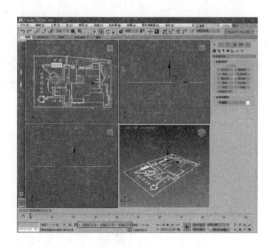

图 6-7　设置导入选项　　　　　　　　　图 6-8　设置坐标

(5) 使用同样的方法导入花架和亭子的立面图，选择前视图并最大化显示，右键单击工具栏中的 ↻ 按钮，在弹出的对话框中设置参数，如图 6-9 所示，效果如图 6-10 所示。

(6) 按 3 键进入样条线修改层级，选择亭子部分，单击 分离 按钮，在【分离】对话框中单击 确定 按钮，把分离出的亭子所有模型成组，命名为【亭子】，使用同样的方法把花架的两个立面图分离，把右边的命名为【左立面】，设置 CAD 图的坐标为【居中到对象】，把右边一个立面旋转 90º，左视图中的效果如图 6-11 所示，把其他的 CAD 图成组并命名为【前立面】。

图 6-9　设置旋转参数

图 6-10　旋转效果　　　　　　　　　　图 6-11　花架左立面效果

（7）为了方便观察，按快捷键 G 键分别取消各视图中的网格显示。

（8）由于建模的前期过程中暂时不用立面图，所以可以暂时隐藏立面图。选择立面 CAD 图，在视口中单击右键，在右键菜单中选择【隐藏当前选择】命令，保存场景并命名为【别墅庭院景观.max】。

6.1.2 创建场景模型

本案例重点表现庭院景观，通过和设计师的沟通，决定建筑主体的模型只需要简单表示其位置即可，不用详细建模。

提 示：由于在建模的时候会在 CAD 软件和 3ds max 软件之间来回切换，以方便查看 CAD 图中的尺寸，避免出错。通常情况下，在创建模型时，原始 CAD 图始终是打开的。

1. 前期设置

在开始建模之前，可以进行一些设置来加快建模速度。

（1）按下 3ds max 主工具栏捕捉按钮，选择，右键单击按钮，在【栅格和捕捉设置】对话框中进行设置，如图 6-12 所示。

（2）右键单击工具栏，在右键菜单中选择【轴约束】命令，打开【轴约束】工具栏，以方便设置轴约束，如图 6-13 所示。

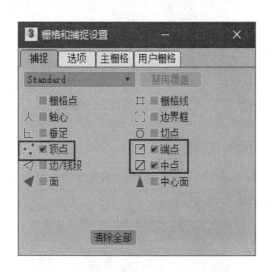

图 6-12　栅格和捕捉设置对话框

【图 6-13】　打开【轴约束】

2. 别墅建筑模型

（1）单击按钮，进入【图形】创建面板，单击　线　按钮，配合【捕捉】工具，围绕别墅建筑外轮廓筑创建一条闭合的样条线，在弹出的对话框中单击　是(Y)　按钮，如图 6-14 和图 6-15 所示。

图 6-14　单击【线】按钮

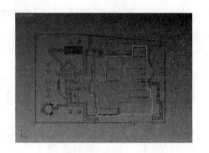

图 6-15　闭合样条线

（2）进入修改面板，在【选择】卷展栏中单击 ❖ 按钮，选择全部顶点，单击右键，在右键菜单中选择【角点】命令，如图 6-16 所示。

（3）在修改面板中添加【挤出】修改器，设置挤出【数量】为 500mm，如图 6-17 所示。

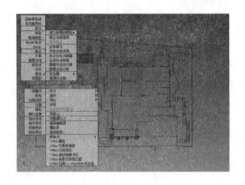

图 6-16　转换所有顶点为角点

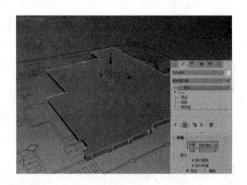

图 6-17　设置挤出参数

3.　观水廊模型

（1）使用同样的方法绘制观水廊的轮廓，如图 6-18 所示；在修改面板中添加【挤出】命令，设置挤出【数量】为-500mm，如图 6-19 所示。

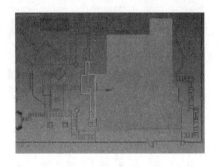

图 6-18　绘制观水廊的轮廓

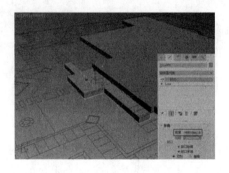

图 6-19　设置观水廊挤出参数

(2) 单击右键，选择【转换为】|【转换为可编辑多边形】命令，把模型转换为可编辑多边形，如图 6-20 所示。

(3) 单击■按钮，选择如图 6-21 所示的多边形，为了方便选择，可以勾选【忽略背面】选项。

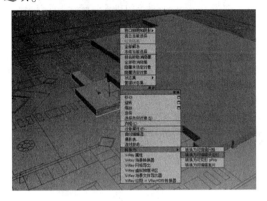

图 6-20　转换为可编辑多边形

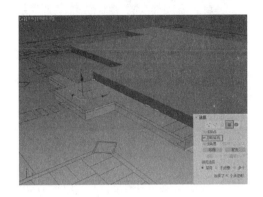

图 6-21　选择多边形

(4) 单击右键，在右键菜单中单击【挤出】命令前面的■图标，在【挤出多边形】对话框中设置参数，效果如图 6-22 所示。

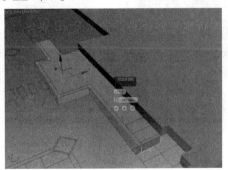

图 6-22　挤出效果

(5) 在顶视图调整顶点的位置，效果如图 6-23 所示。

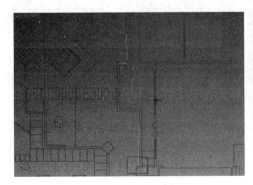

图 6-23　调整顶点位置

(6) 选择如图 6-24 所示的多边形，单击右键，在右键菜单中单击【挤出】命令前面的
■图标，在【挤出多边形】对话框中设置参数，如图 6-25 所示。

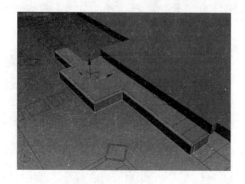

图 6-24　选择多边形

图 6-25　设置挤出多边形参数

(7) 继续创建模型的轮廓，如图 6-26 所示。

(8) 在修改面板中添加【挤出】命令，设置挤出【数量】为 100mm，如图 6-27 所示。

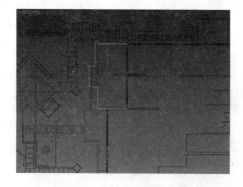

图 6-26　创建轮廓

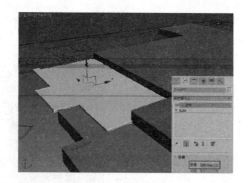

图 6-27　设置挤出数量

(9) 把模型转换为可编辑多边形，如图 6-28 所示，选择模型的顶点，单击右键，在右
键菜单中选择【连接】命令，如图 6-29 所示，连接选择的顶点。

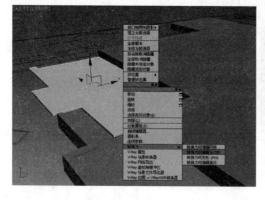

图 6-28　转换多边形

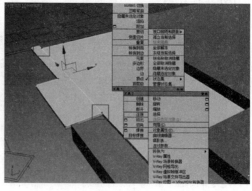

图 6-29　连接顶点

提 示：为了方便选择，可以按 F3 键以线框的模式显示模型。在建模过程中要灵活运用 F3 键和 F4 键，适时观察模型效果。

(10) 切换到顶视图，选择如图 6-30 所示的多边形，为了方便观察，可以按 F2 键，选择的多边形以红色边框显示，如图 6-31 所示。

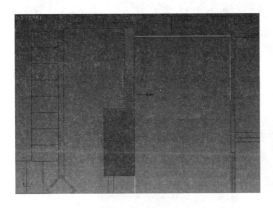

图 6-30　选择多边形

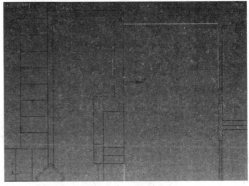

图 6-31　按 F2 键效果

(11) 单击右键，在右键菜单中选择【快速切片】命令，如图 6-32 所示，配合【捕捉】工具切割模型，最终切割效果如图 6-33 所示。

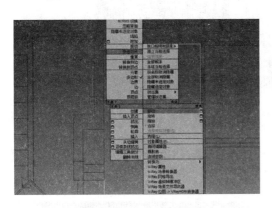

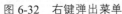

图 6-32　右键弹出菜单

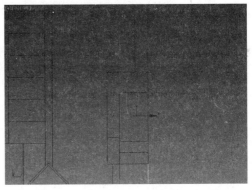

图 6-33　切割多边形效果

(12) 选择如图 6-34 所示以红色显示的多边形，单击右键，在右键菜单中单击【挤出】命令前面的□图标，在【挤出多边形】对话框中设置参数，如图 6-35 所示。

(13) 使用同样的方法设置其他地方的挤出效果，【挤出高度】参数的设置可参考 CAD 图，效果如图 6-36 所示。

提 示：按住 Ctrl 键并单击右键，在右键菜单中选择【删除】命令，删除选择的边的同时会把和该边相关的孤立顶点删除。

图 6-34　选择多边形

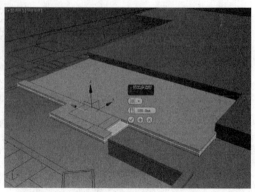

图 6-35　设置挤出多边形参数

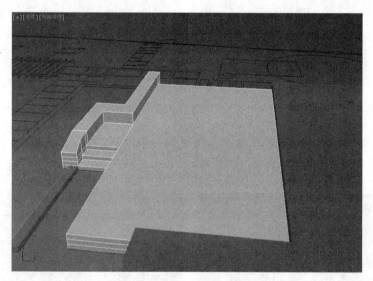

图 6-36　观水廊的初步挤出效果

(14) 选择如图 6-37 所示的边，按住 Ctrl 键并单击右键，在右键菜单中选择【删除】命令，删除选择的边，效果如图 6-38 所示。

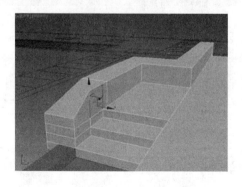

图 6-37　选择边

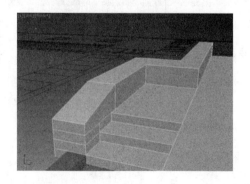

图 6-38　删除边效果

(15) 继续创建观水廊相关模型，效果如图 6-39 所示。

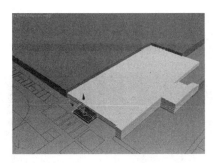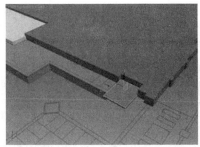

图 6-39　建筑主体及观水廊模型

4．水体及其边沿模型

(1) 绘制出水体模型的轮廓，如图 6-40 所示。

(2) 在修改面板中添加【挤出】命令，设置挤出【数量】为-500mm，如图 6-41 所示。

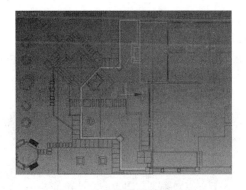

图 6-40　水体模型轮廓　　　　　　　　　　图 6-41　挤出水体

(3) 使用同样的方法创建出其他水体模型，参数可以按照 CAD 图，效果如图 6-42 所示。

(4) 使用线工具绘制出水边模型，如图 6-43 所示。

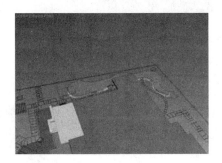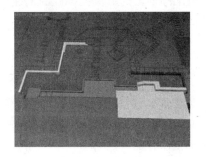

图 6-42　水体及其边沿模型　　　　　　　图 6-43　绘制水边模型

(5) 在顶视图中绘制出水边铺路图形，如图 6-44 所示。

(6) 在修改面板中添加【挤出】命令，设置挤出【数量】为 100mm，依照阶梯的方式挤出整体模型，如图 6-45 所示。

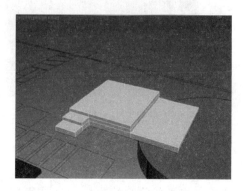

图 6-44　绘制水边铺路图形 　　　　　 图 6-45　制作水边铺路模型

5. 铺路模型

(1) 使用【样条线】工具绘制出铺路模型的轮廓，如图 6-46 所示。

(2) 选择所有的轮廓图形，在修改面板中添加【挤出】命令，设置挤出【数量】为 150mm，效果如图 6-47 所示。

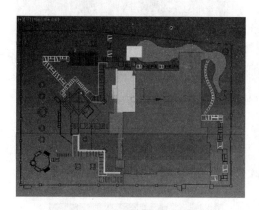
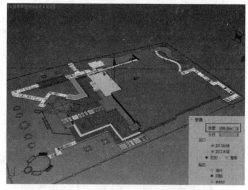

图 6-46　绘制铺路图形 　　　　　　 图 6-47　挤出铺路模型

6. 草地模型

(1) 选择水体模型，选择样条线，在【几何体】卷展栏中，勾选【复制】选项，单击 ▮分离▮ 按钮，在【分离】对话框中单击 ▮确定▮ 按钮，如图 6-48 所示。

(2) 使用同样的方法分离另外一处的水体模型对应的样条线，创建出庭院的外轮廓线，如图 6-49 所示。

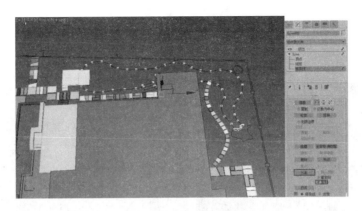

图 6-48　分离复制样条线

图 6-49　分离样条线

(3) 使用【线】工具绘制草地范围图形，如图 6-50 所示。

(4) 在修改面板中单击 附加多个 按钮，选择分离的图形，单击 附加 按钮，如图 6-51 所示。

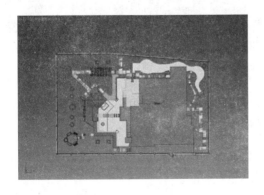

图 6-50　绘制草地范围图形

图 6-51　附加图形

(5) 调整顶点位置，效果如图 6-52 所示。

(6) 在修改面板中添加【挤出】命令，设置挤出【数量】为-500mm，如图 6-53 所示。

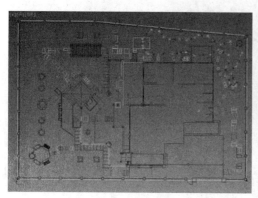 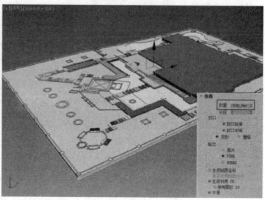

图 6-52　调整顶点位置效果　　　　　　　　图 6-53　设置挤出参数效果

7.　花坛模型

(1) 单击图形创建面板【线】按钮，在顶视图中创建如图 6-54 所示轮廓，选择该样条线所对应全部顶点，单击右键，在右键菜单中选择【平滑】命令，如图 6-55 所示。

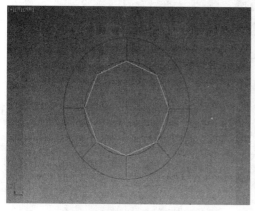 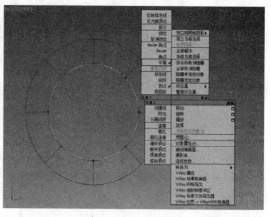

图 6-54　创建轮廓线　　　　　　　　　　　图 6-55　平滑顶点

(2) 选择该样条线，按住 Shift 键并配合缩放工具复制样条线，在弹出的【克隆选项】对话框中选择【复制】单选按钮，单击 确定 按钮，如图 6-56 所示。

(3) 把这两条样条线【附加】在一起，调整高度约为 250mm，在修改面板中添加【挤出】命令，设置挤出【数量】为 50mm，如图 6-57 所示。

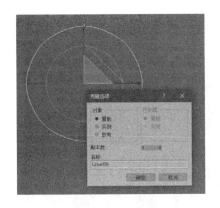

图 6-56　复制样条线

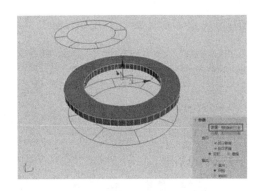

图 6-57　设置挤出参数效果

(4) 复制该模型，选择样条线，删除其中一条样条线，调整样条线的大小，调整【挤出】参数和模型的高度位置，效果如图 6-58 所示。

(5) 选择上面的模型，转换为可编辑多边形，选择如图 6-59 所示的边。

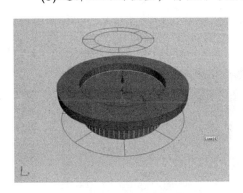

图 6-58　调整复制的模型

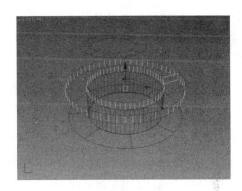

图 6-59　选择边

(6) 单击右键，在右键菜单中单击【切角】命令前面的█图标，设置【切角量】参数，如图 6-60 所示。

(7) 再次设置【切角量】参数，参数和效果如图 6-61 所示，使边角更为圆滑。

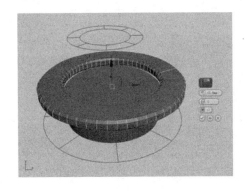

图 6-60　设置切角参数效果 1

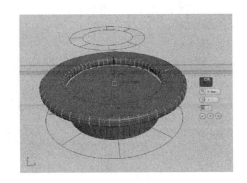

图 6-61　设置切角参数效果 2

(8) 选择这两个模型，复制到其他位置，调整大小，效果如图 6-62 所示。

(9) 单击图形创建面板【线】按钮，在顶视图中创建如图 6-63 所示轮廓。

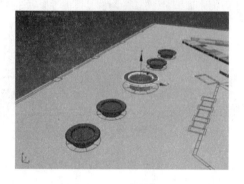

图 6-62　复制模型

图 6-63　绘制轮廓

(10) 调整轮廓的位置，向上移动 800，添加【挤出】修改器，设置数量值为 50，如图 6-64 所示。

(11) 将模型转化为可编辑多边形，进入多边形层级，选择上面的多边形，执行【切角】命令，如图 6-65 所示。

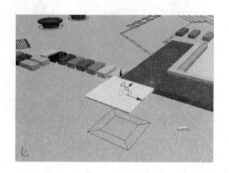

图 6-64　挤出模型

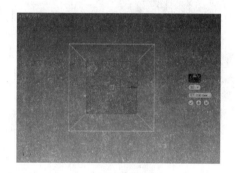

图 6-65　编辑多边形

(12) 保持面的选择，执行【挤出】命令，如图 6-66 所示。

(13) 选择下方的面，同样使用插入和挤出完成模型的制作，如图 6-67 所示。

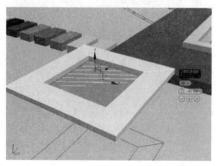

图 6-66　挤出模型

图 6-67　完成模型的制作

(14) 将制作好的模型复制到其他花坛位置处，如图 6-68 所示。

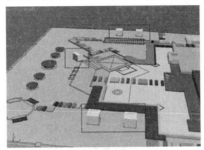

图 6-68　复制花坛模型

8. 烧烤架模型

由于 CAD 图中没有烧烤架的高度尺寸，所以只能大概估计一个高度尺寸来创建模型。

(1) 在顶视图中绘制轮廓，如图 6-69 所示。

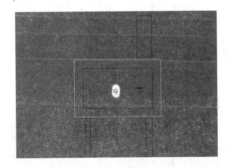

图 6-69　绘制轮廓

(2) 在修改面板中添加【挤出】命令，设置挤出【数量】为 1000mm，如图 6-70 所示。

(3) 将模型转换为可编辑多边形，选择上面的多边形，单击右键，在右键菜单中单击【插入】命令前面的▢图标，设置参数，如图 6-71 所示。

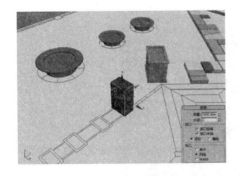

图 6-70　设置挤出参数效果

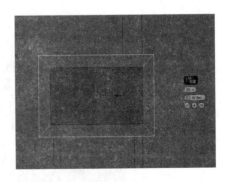

图 6-71　设置插入参数

(4) 单击右键，在右键菜单中单击【挤出】命令前面的 ▢ 图标，设置【挤出高度】参数，如图 6-72 所示。

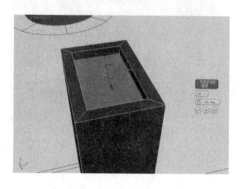

图 6-72　设置挤出多边形参数

(5) 以【实例】的方式复制该模型三个，如图 6-73 所示，放到合适位置，效果如图 6-74 所示。

图 6-73　实例复制模型

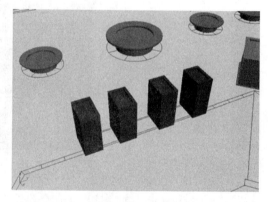

图 6-74　复制效果

(6) 绘制碳架的轮廓，如图 6-75 所示。

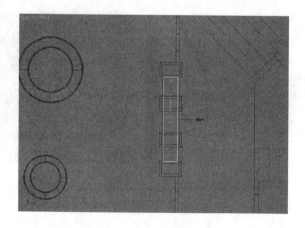

图 6-75　绘制轮廓

(7) 选择样条线,勾选【复制】选项,单击 分离 按钮,在【分离】对话框中单击 确定 按钮,如图 6-76 所示。

(8) 再次选择样条线,设置【轮廓】数量为-40mm,单击 轮廓 按钮,在修改面板中添加【挤出】命令,设置挤出【数量】为 100mm,选择刚才复制的样条线,在修改面板中添加【挤出】命令,设置挤出【数量】为 10mm,如图 6-77 所示。

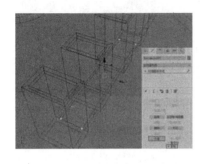

图 6-76 分离复制样条线

图 6-77 挤出效果

(9) 创建直线,设置可渲染属性,如图 6-78 所示。

(10) 调整样条线的高度约为 80mm,把碳架所有模型成组并调整高度,效果如图 6-79 所示。

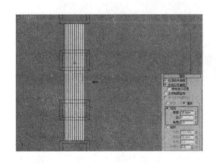

图 6-78 设置可渲染属性

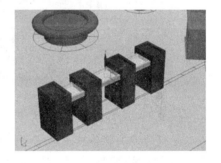

图 6-79 调整碳架高度效果

9. 花架模型

(1) 单击右键,在右键菜单中选择【按名称取消隐藏】命令,选择【前立面】和【左立面】,单击 取消隐藏 按钮,显示立面 CAD 图,如图 6-80 所示。

图 6-80 显示立面图

(2) 在前视图中绘制轮廓，如图 6-81 所示。

(3) 切换到左视图，调整轮廓线的位置，在修改面板中添加【挤出】命令，设置挤出
【数量】为 180mm，如图 6-82 所示。

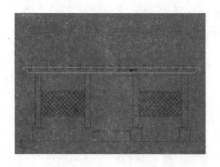
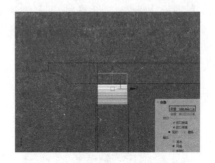

图 6-81　绘制轮廓　　　　　　　　　　　　　图 6-82　设置挤出参数

(4) 把该模型复制到另一边，使用同样的方法创建出顶部架子的模型，并复制到合适
位置，如图 6-83 所示。

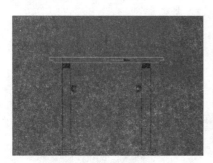

图 6-83　花架顶部模型

(5) 以复制的方法制作出花架模型，如图 6-84 所示。

(6) 使用线工具绘制出柱子的轮廓，如图 6-85 所示。并用【挤出】修改器制作出柱子
模型，如图 6-86 所示。

(7) 选择创建好的柱子复制到右侧，如图 6-87 所示。

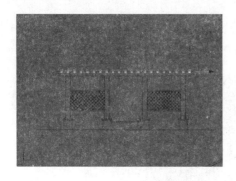
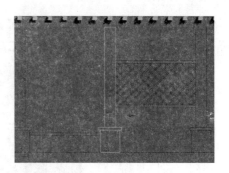

图 6-84　复制模型　　　　　　　　　　　　　图 6-85　绘制柱子轮廓

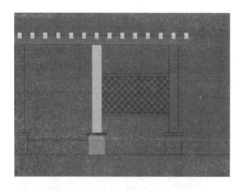

图 6-86　挤出柱子模型

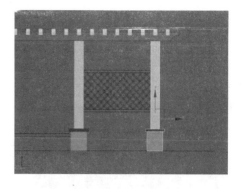

图 6-87　复制柱子模型

(8) 继续创建花架的网格部分模型，效果如图 6-88 所示。

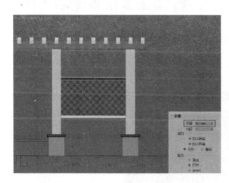

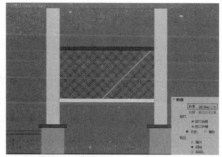

图 6-88　制作网格部分模型

(9) 以复制的方法制作隔断，如图 6-89 所示。

(10) 选择隔断花纹模型，选择【组】|【成组】命令，在修改面板中添加【切片】命令，把【切片平面】旋转 90° 并移动，在【切片参数】卷展栏中选择【移除底部】单选按钮，如图 6-90 所示。

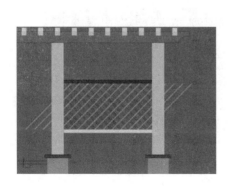

图 6-89　花架隔断

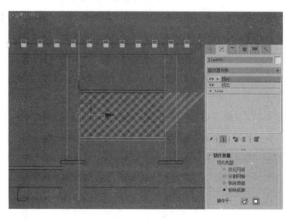

图 6-90　设置切片参数 1

(11) 再次添加【切片】命令，把【切片平面】旋转 90° 并移动，设置参数，如图 6-91 所示。

(12) 使用同样的方法继续创建隔断花纹模型，把隔断框架模型和隔断花纹模型成组，命名为【隔断】，调整位置，效果如图 6-92 所示。

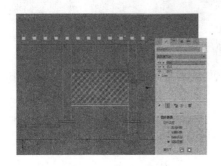

图 6-91　设置切片参数 2

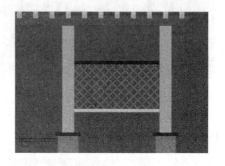

图 6-92　隔断效果

(13) 把隔断和柱子复制到其他位置，效果如图 6-93 所示。

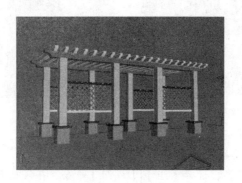

图 6-93　复制效果

(14) 在前视图中绘制如图 6-94 所示的样条线，在修改面板中添加【挤出】命令，设置挤出【数量】为 60mm，复制三个到其他位置，如图 6-95 所示。

图 6-94　绘制样条线

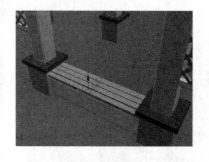

图 6-95　复制模型

注 意：在建模过程中如果发现 CAD 图中有不合理的地方要及时和设计师沟通，并提出修改建议。

(15) 添加支架并把支架和座椅模型成组，命名为【座椅】，复制该组模型到合适位置，效果如图 6-96 所示。

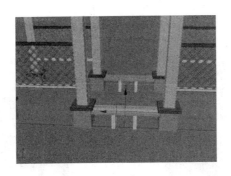

图 6-96　复制座椅

(16) 使用几何体组合的方法创建出壁灯模型，如图 6-97 所示。

(17) 复制壁灯模型到其他位置，效果如图 6-98 所示。

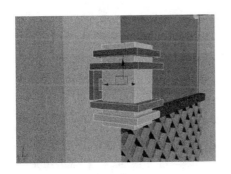

图 6-97　壁灯模型

图 6-98　复制壁灯模型

(18) 调整到平面图位置图处，并在花架的下方创建一个长方体作为铺砖地面，长方体参数设置如图 6-99 所示。

(19) 选择花架的所有模型，移动到合适位置，效果如图 6-100 所示。

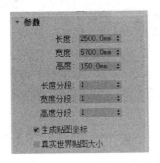

图 6-99　设置长方体参数

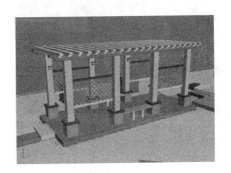

图 6-100　花架模型效果

10．亭子模型

(1) 在顶视图中绘制样条线，如图 6-101 所示。

(2) 在修改面板中添加【挤出】命令，设置挤出【数量】为 150mm，如图 6-102 所示。

图 6-101　绘制样条线

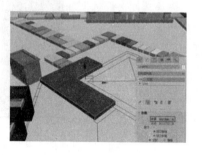

图 6-102　设置挤出参数

(3) 把该模型转换为可编辑多边形，单击右键，在右键菜单中选择【剪切】命令，如图 6-103 所示，剪切出如图 6-104 所示的多边形。

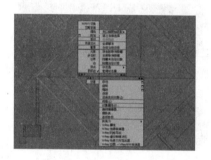

图 6-103　选择剪切命令

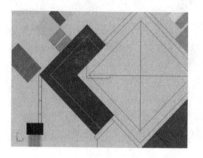

图 6-104　剪切多边形

(4) 选择如图 6-105 所示的多边形，单击右键，在右键菜单中单击【挤出】命令前面的■图标，设置参数，如图 6-106 所示。

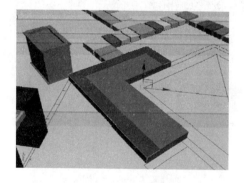

图 6-105　选择多边形

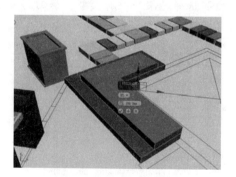

图 6-106　设置挤出多边形参数 1

(5) 使用同样的方法制作出第三层台阶，如图 6-107 所示。

(6) 使用同样的方法绘制出如图 6-108 所示的样条线。

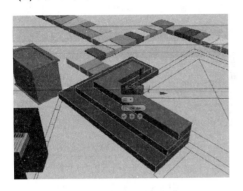

图 6-107　设置挤出多边形参数 2

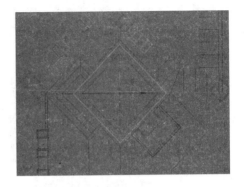

图 6-108　绘制样条线

(7) 在修改面板中添加【挤出】命令，设置挤出【数量】为 600mm，如图 6-109 所示。

(8) 使用同样的方法绘制出如图 6-110 所示的样条线。

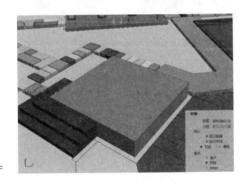

图 6-109　设置挤出参数

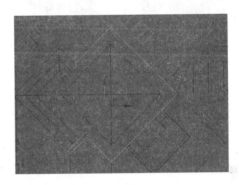

图 6-110　绘制样条线

(9) 在修改面板中添加【挤出】命令，设置挤出【数量】为 770mm，如图 6-111 所示。

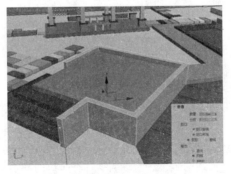

图 6-111　设置挤出参数

提　示：在设置挤出【数量】参数时也可以参考 CAD 立面图。

(10) 把该模型转换为可编辑多边形，选择最上方的多边形，单击右键，在右键菜单中选择【快速切片】命令，编辑多边形，如图 6-112 所示，效果如图 6-113 所示。

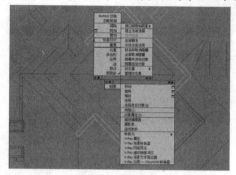

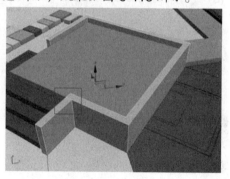

图 6-112　选择快速切片命令　　　　　　　图 6-113　快速切片效果

(11) 选择如图 6-114 所示的顶点，调整高度，效果如图 6-115 所示。

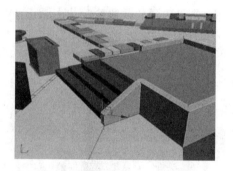

图 6-114　选择顶点　　　　　　　　　　图 6-115　调整顶点高度

(12) 显示亭子的立面 CAD 图，在前视图中绘制如图 6-116 所示的样条线。

图 6-116　绘制样条线

提　示：由于此处没有明确的高度，通过和设计师沟通，决定暂时把高度定在此处。

(13) 在修改面板中添加【车削】命令，设置【分段】为 4，单击 Y 按钮，单击 最大 按钮，调整【轴】的位置，如图 6-117 所示。

(14) 把该模型转换为可编辑多边形，选择【边界】，选择模型的边界，单击右键，在右键菜单中选择【封口】命令，如图 6-118 所示。

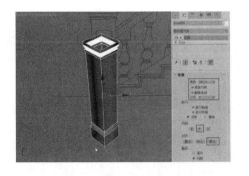

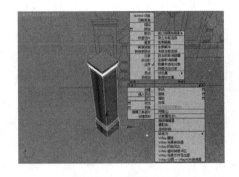

图 6-117　设置车削参数　　　　　　　　　图 6-118　选择边界并封口

(15) 创建一个【半径】为 120mm 的球体并放到合适位置，如图 6-119 所示。

(16) 移动柱子和球体模型到合适位置，如图 6-120 所示，调整柱子模型。

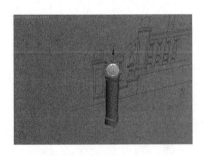

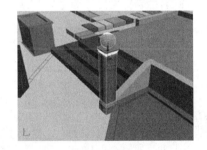

图 6-119　创建球体　　　　　　　　　　　图 6-120　移动模型

(17) 以【实例】的方式复制柱子和球体模型，移动到合适位置，如图 6-121 所示。

(18) 使用同样的方法创建出其他模型，效果如图 6-122 所示。

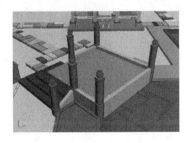

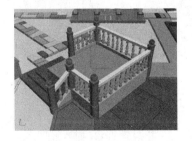

图 6-121　复制模型　　　　　　　　　　　图 6-122　亭子底部模型

提 示：在创建模型时，可以根据实际情况灵活调整装饰花柱的数量。

继续完善亭子模型，由于其他地方的模型都比较简单，就不再讲述，这里讲述一下亭子顶部模型的创建方法。

(19) 参照 CAD 平面图绘制亭子顶部模型的轮廓线，如图 6-123 所示。

(20) 在修改面板中选择样条线，设置【轮廓】为 100mm，在修改面板中添加【挤出】命令，设置参数，调整高度，如图 6-124 所示。

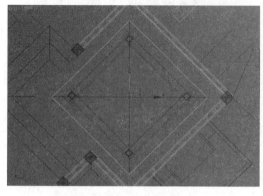

图 6-123　绘制轮廓线

图 6-124　设置挤出参数

(21) 选择样条线，勾选【复制】选项，单击 分离 按钮，在【分离】对话框中单击 确定 按钮，如图 6-125 所示。

(22) 选择复制的样条线，设置【轮廓】为 50mm，单击 轮廓 按钮，再设置【轮廓】为 -50mm，删除中间的样条线，并在修改面板中添加【挤出】命令，设置挤出【数量】为 30mm，调整模型的高度，调整的高度值约为 80mm，如图 6-126 所示。

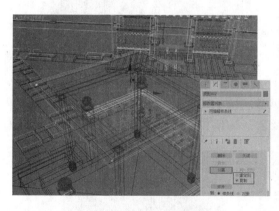

图 6-125　分离复制样条线

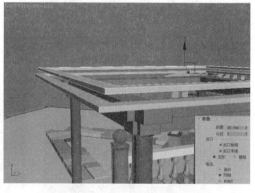

图 6-126　设置挤出参数

> **提示：** 若使用轮廓参数不方便控制，可以直接单击 轮廓 按钮，在视图中自由调整大小。

(23) 使用同样的方法继续创建其他位置模型，在修改面板中添加 FFD 2×2×2 修改器，调整形状，如图 6-127 所示。

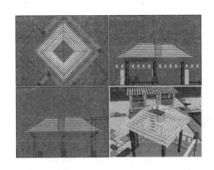

图 6-127　调整形状效果

(24) 继续创建模型，在亭子中央创建一个长方体，把该模型转换为可编辑多边形，结合【剪切】命令连接模型上方的顶点，调整顶点的高度，如图 6-128 所示。

(25) 最终制作亭子的模型效果如图 6-129 所示。

图 6-128　调整顶点高度

图 6-129　亭子效果

11. 椅子模型

继续丰富场景，场景中需要用到椅子模型，如果都要一一建模，将会花费太多时间，对于比较复杂的模型，如果有现成的模型，可以直接导入使用。

(1) 选择【文件】|【导入】|【合并】命令，找到一个名称为【椅子】的 max 文件，单击 打开(Q) 按钮，在【合并】对话框中选择【椅子】，单击 确定 按钮，如图 6-130 和图 6-131 所示。

图 6-130　合并文件对话框

图 6-131　合并对话框

(2) 在弹出的对话框中勾选【应用于所有重复情况】选项，单击 自动重命名 按钮，把椅子模型合并到当前场景中，如图 6-132 所示。

(3) 调整大小并放到合适位置，复制椅子模型到合适位置，如图 6-133 所示。

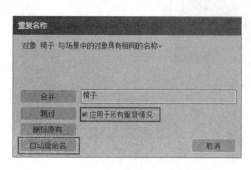

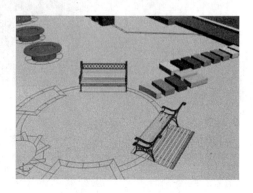

图 6-132 【重复名称】对话框   图 6-133 添加椅子模型

(4) 使用类似的方法添加其他模型，如图 6-134 所示。

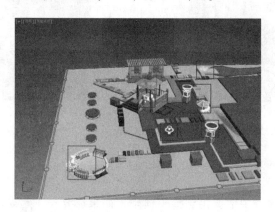

图 6-134 添加模型效果

12. 围墙模型

围墙模型包括围墙柱子模型、栏杆模型和门模型。由于 CAD 图中没有围墙的具体尺寸和样式，通过和设计师沟通决定围墙可以根据场景需要自行决定。

> **提 示**：在建模过程中，如果围墙全部建模型，将会有太多的面数，这里使用材质来表现围墙的门和栏杆，以简化场景。

(1) 在模型库中找到比较类似的围墙模型，将该模型打开，选择【文件】|【摘要信息】命令，通过对面数的查看，面数太多，有 70000 多个面，需要精简模型，决定把门和栏杆的细节部分采用材质来模拟。

(2) 选择栏杆和门模型的细节模型，删除细节部分，精简效果如图 6-135 所示。

(3) 再次查看面数是 4000 多个面。

(4) 选择所有模型，选择【组】|【成组】命令，命名该组为【围墙】，选择【文件】|【保存选定对象】命令，将选择的模型保存，命名为【围墙精简】。

(5) 将这组模型合并到场景中，在弹出的对话框中勾选【应用于所有重复情况】选项，单击 自动重命名 按钮，如图 6-136 所示。

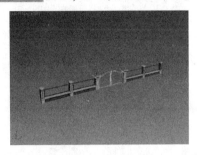
图 6-135　精简模型

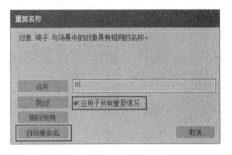
图 6-136　【重复名称】对话框

(6) 复制并调整围墙大小和位置，效果如图 6-137 所示。

(7) 以围墙柱子为参照，创建平面模型，作为栏杆和大门的模型，复制到其他位置并调整大小，效果如图 6-138 所示。

图 6-137　围墙模型

图 6-138　栏杆和大门模型

(8) 仔细检查模型，查看模型是否创建完毕，补充漏建的模型，如图 6-139 所示。

(9) 创建一个简单的外围环境，外围环境模型效果如图 6-140 所示。

图 6-139　补充模型

图 6-140　场景模型效果

(10) 按快捷键 H，在【选择对象】对话框中选择 CAD 图对应的名称，单击 确定 按钮，选择场景中的 CAD 图，按 Delete 键删除，如图 6-141 所示。

(11) 渲染透视图，效果如图 6-142 所示。

图 6-141　选择 CAD 图

图 6-142　渲染透视图效果

至此，本案例的模型创建完毕。

6.2　创建摄影机

在布置灯光和材质之前，首先应创建摄影机，以确定最终渲染的角度和方位。因为灯光的照明效果，跟摄影机的位置有很大的关系。根据日常生活经验可知，当从不同角度观察一幢建筑时，会看到不同的光影效果。制作建筑效果图也是一样，由于要考虑画面的明暗关系和比例，只有在摄影机确定的情况下才能对灯光的位置作仔细的调整。

创建摄影机的方法通常有两种，一种是在透视图为当前视图的前提下，按 Ctrl+C 键从视图创建摄影机，本案例采用另外一种方法，也是最基础的一种方法，即直接在场景中拖动鼠标创建。通过和设计师的沟通，决定采用鸟瞰角度来表现本场景。

(1) 在创建面板中单击■按钮，单击 目标 按钮，在顶视图中单击并拖动鼠标，这样就创建了一架目标摄影机，如图 6-143 所示。

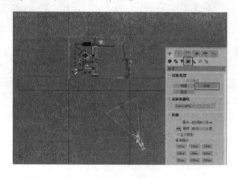

图 6-143　创建摄影机

(2) 将透视视图转换为摄影机视图，在前视图中调整摄影机和目标点的高度，设置【镜头】参数为 35，调整摄影机和目标点的位置，如图 6-144 所示。

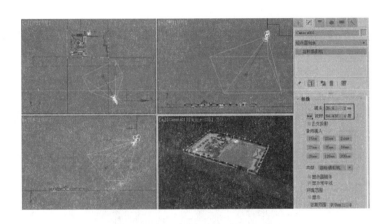

图 6-144　调整摄影机位置

(3) 右键单击摄影机视图的名称，在菜单中选择【显示安全框】命令，如图 6-145 所示，以查看构图效果如图 6-146 所示。

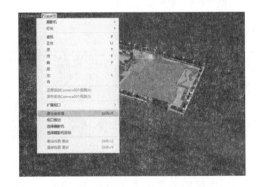

图 6-145　选择显示安全框命令

图 6-146　显示安全框

　　提示：摄影机视图出现的三层彩色线框为摄影机安全框，它可以准确地显示相机拍摄的范围，最外层的黄色线框是渲染出的画面范围。按下 Shift + F 键，可以打开相机的安全框。一般在调节画面构图时打开安全框。

(4) 渲染摄影机视图，效果如图 6-147 所示。

图 6-147　渲染摄影机视图效果

提 示：单击 ▣ 按钮后会弹出一个【缺少贴图坐标】对话框，这是因为在调用模型时贴图坐标丢失的原因，暂时不用处理，单击 继续 按钮即可。这些问题可以在材质编辑环节调整。

6.3 材质编辑

在进行材质编辑之前，首先应指定渲染器，同时为了避免对摄影机的误操作，可以暂时隐藏摄影机。选择摄影机，单击右键，在右键菜单中选择【隐藏当前选择】命令，如图 6-148 所示，隐藏摄影机。

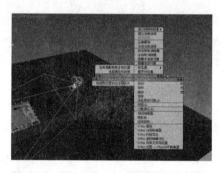

图 6-148　隐藏摄影机

技 巧：通过以下快捷键可以快速地隐藏某类型对象：隐藏摄影机切换 Shift+C；隐藏灯光切换 Shift+L；隐藏几何体切换 Shift+G；隐藏图形切换 Shift+S。

6.3.1 指定 VRay 渲染器

本案例要用到 VRay 渲染器，单击 ▣ 按钮或者按快捷键 F10，在弹出的对话框中选择【公用】选项卡，打开【指定渲染器】卷展栏，单击 ▣ 按钮，选择 V-Ray 渲染器，如图 6-149 所示。

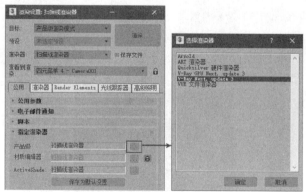

图 6-149　指定渲染器

6.3.2 场景材质的编辑

为了方便操作，暂时隐藏围墙外面的模型。打开材质编辑器，由于调用了带有贴图的外部模型，为了编辑材质方便，需要重置材质编辑器窗口，如图 6-150 所示。

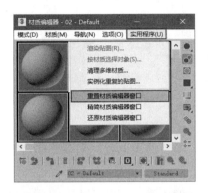

图 6-150　重置材质编辑器窗口

VRay 兼容 3ds max 绝大部分材质，在室外建筑效果表现中，除非特殊需要，一般可使用 3ds max 标准材质。

1.　草地材质

由于草地效果在后期中制作，这里只简单设置一下材质颜色即可。

(1) 选择一个空白的材质球，选择草地模型，将该材质球赋予草地模型，设置【漫反射】颜色，如图 6-151 所示。

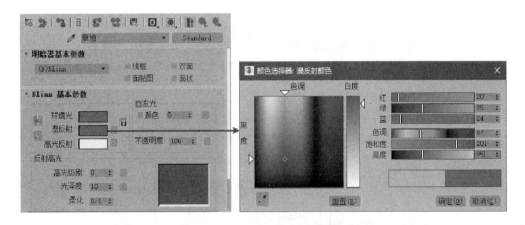

图 6-151　赋予草地材质

技巧：为了避免在赋予模型材质时漏选模型，同时为了方便选取模型，可以把一部分编辑过材质的模型隐藏。

(2) 选择草地材质球，单击 ▨ 按钮，在【选择对象】对话框中单击 ▭选择▭ 按钮，选择草地材质对应模型，如图 6-152 所示。

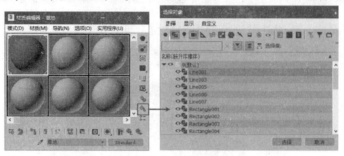

图 6-152　选择对象

(3) 单击右键，在右键菜单中选择【隐藏当前选择】命令，如图 6-153 所示，隐藏草地模型，如图 6-154 所示。

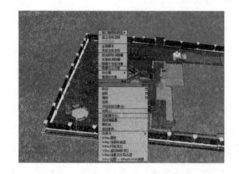

图 6-153　选择隐藏当前选择命令

图 6-154　隐藏草地模型

2. 花坛材质

花坛材质需要用【多维/子对象】材质来表现。

(1) 选择一个空白的材质球，选择花坛模型，将该材质球赋予花坛模型，如图 6-155 所示。

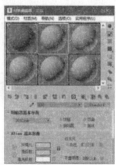

图 6-155　给模型赋予材质

(2) 单击 Standard 按钮，在弹出的【材质/贴图浏览器】对话框中选择【多维/子对象】类型，单击【确定】按钮，在弹出的【替换材质】对话框中选择【丢弃旧材质】单选按钮，单击此按钮，此时【标准】材质转换为【多维/子对象】材质，如图 6-156 所示。

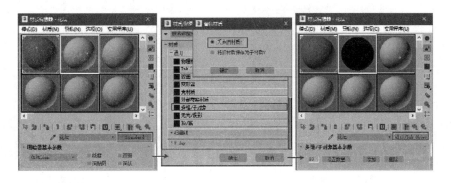

图 6-156 转换材质

(3) 单击 设置数量 按钮，设置材质数量为 3，单击 确定 按钮，如图 6-157 所示。

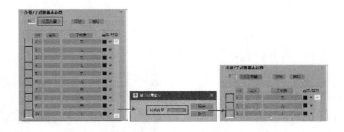

图 6-157 设置材质数量

(4) 选择此材质球所对应模型，单击右键，选择【孤立当前选择】命令，如图 6-158 所示，进入孤立模式进行操作。

(5) 单击右键，在右键菜单中选择【转换为】【转换为可编辑多边形】命令，如图 6-159 所示，将模型转换为可编辑多边形。

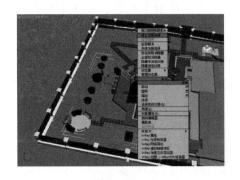

图 6-158 选择孤立当前选择命令

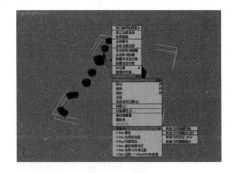

图 6-159 转换为可编辑多边形

技 巧： 按下 Alt+Q 快捷键，可以快速进入孤立模式。

(6) 选择其中一个模型，单击右键，单击【附加】前面的■图标，如图 6-160 所示。

(7) 在弹出的【附加列表】中选择全部的模型，单击 附加 按钮，附加模型，如图 6-161 所示。

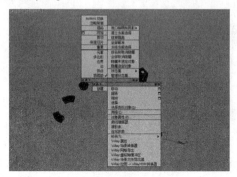

图 6-160　右键菜单

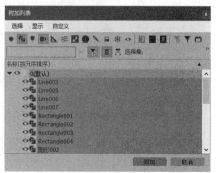

图 6-161　【附加列表】对话框

(8) 在修改面板中单击■按钮，勾选【忽略背面】选项，选择多边形，设置 ID 编号为 1，如图 6-162 所示。

(9) 按 Ctrl+I 键反选多边形，设置 ID 编号为 2，选择一部分多边形，设置 ID 编号为 3，如图 6-163 所示。

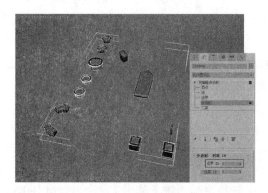

图 6-162　选择多边形并设置 1 号 ID 编号

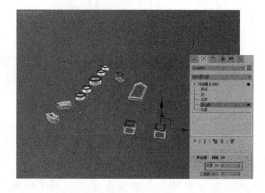

图 6-163　选择多边形并设置 3 号 ID 编号

(10) 设置花坛材质参数。选择 1 号子材质，设置【漫反射】颜色，设置【高光级别】参数为 13，设置【光泽度】参数为 9，如图 6-164 所示。

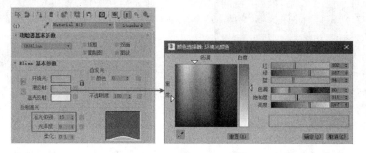

图 6-164　设置 1 号子材质

技 巧:【高光级别】和【光泽度】参数是用来控制材质的高光效果的,【高光级别】参数控制高光的强弱,参数值越大,高光越强;【光泽度】参数控制高光的面积,参数值越大,高光面积越小。

(11) 选择 2 号子材质,在其【漫反射】颜色通道中添加一张位图,设置【高光级别】和【光泽度】参数,单击 按钮,显示纹理,如图 6-165 所示。

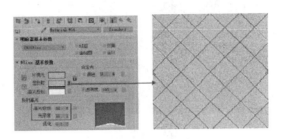

图 6-165　设置 2 号子材质

(12) 以【实例】的方式复制贴图至【凹凸】通道中,设置凹凸【数量】为 50,如图 6-166 所示。

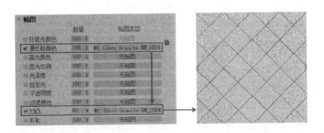

图 6-166　复制贴图

技 巧:复制贴图时采用【实例】的方式是为了修改方便,一般情况下复制贴图时均可采用这种方式,调高【数量】参数是为了使凹凸感更强烈。【凹凸】贴图的原理是根据【凹凸】通道中的贴图灰度级别来进行设置,亮度高的白色为凸出部分,亮度低的黑色为凹陷部分。

(13) 选择 3 号子材质,在其【漫反射】颜色通道中添加一张大理石位图,设置【高光级别】和【光泽度】参数,单击 按钮,显示纹理,如图 6-167 所示。

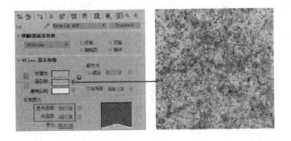

图 6-167　设置 3 号子材质

(14) 单击 按钮，选择此【多维/子对象】材质对应的全部模型，在修改面板中添加【UVW 贴图】修改器，设置参数，如图 6-168 所示，退出孤立模式，隐藏花坛模型。

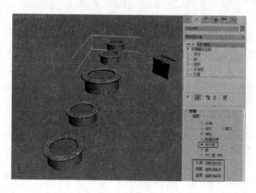

图 6-168　设置贴图坐标

3．烧烤架材质

(1) 选择烧烤架模型，进入孤立模式进行操作，把烧烤架模型解除关联属性并【附加】为一个模型，设置 ID 编号，选择一个空白的材质球，把该材质赋予烧烤架模型，把【标准】材质转换为【多维/子对象】材质，设置【材质数量】为 2。

(2) 编辑 1 号材质，1 号材质为草地材质，根据场景情况，简单编辑一下即可，设置【漫反射】颜色，设置【高光级别】和【光泽度】参数，如图 6-169 所示。

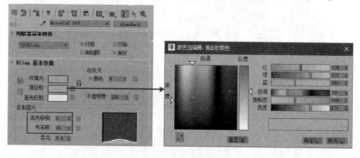

图 6-169　设置草地材质

(3) 选择 2 号材质球，在其【漫反射】颜色通道中添加一张毛石位图，设置【高光级别】和【光泽度】参数，单击 按钮，显示纹理，如图 6-170 所示。

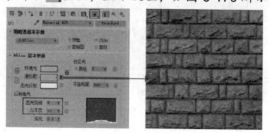

图 6-170　设置烧烤架材质

(4) 以【实例】的方式复制贴图至【凹凸】通道中，设置凹凸【数量】为 60，如图 6-171 所示。

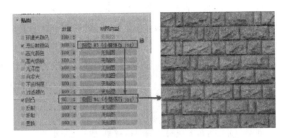

图 6-171　复制贴图

(5) 在修改面板中添加【UVW 贴图】修改器，设置参数，如图 6-172 所示，编辑完成后退出孤立模式并隐藏选择的模型。

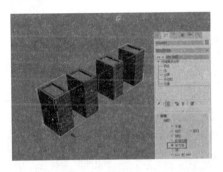

图 6-172　设置贴图坐标

4．碳架材质

(1) 选择碳架模型，选择一个空白的材质球，把该材质球赋予碳架模型，碳架材质为金属材质，设置明暗器类型为【金属】，设置【漫反射】颜色，设置【高光级别】和【光泽度】参数，如图 6-173 所示。

(2) 隐藏此材质所对应模型。

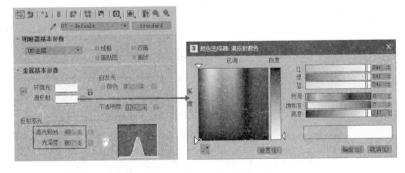

图 6-173　设置碳架材质

5. 石阶材质

(1) 选择一个空白的材质球，选择石阶模型，把该材质球赋予选择的模型，在其【漫反射】颜色通道中添加一张大理石位图，设置【高光级别】和【光泽度】参数，单击■按钮，显示纹理，如图 6-174 所示。

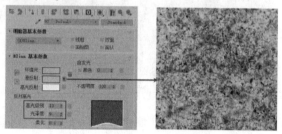

图 6-174　设置石阶材质

(2) 在修改面板中添加【UVW 贴图】修改器，设置参数，如图 6-175 所示。

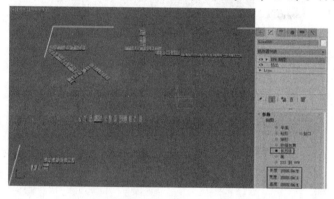

图 6-175　设置贴图坐标

6. 雕塑材质

(1) 选择一个空白的材质球，选择雕塑模型，把该材质球赋予选择的模型，在其【漫反射】颜色通道中添加一张大理石位图，裁剪位图，设置【高光级别】和【光泽度】参数，单击■按钮，显示纹理，如图 6-176 所示。

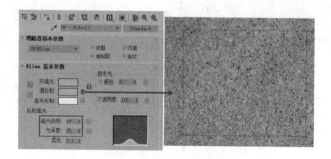

图 6-176　设置雕塑材质

(2) 在修改面板中添加【UVW 贴图】修改器，设置参数，如图 6-177 所示。

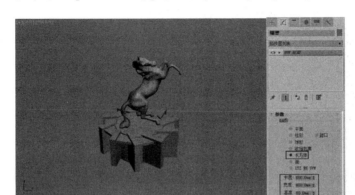

图 6-177　设置贴图坐标

7.　椅子材质

由于椅子模型是调用模型文件，需要检查模型的材质，避免遗漏。

(1) 选择其中一组椅子模型，选择一个空白的材质球，单击███按钮，选择【场景材质】卷展栏中双击███ gdgdfgd （Standard），得到椅子材质，通过对模型材质的查看，模型贴图丢失，需要重新指定贴图，如图 6-178 所示。

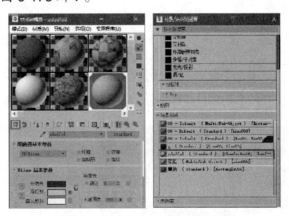

图 6-178　得到椅子材质

(2) 在贴图库中找到一张木纹贴图，添加到【漫反射颜色】通道中，如图 6-179 所示。

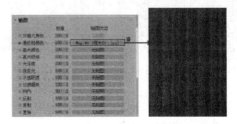

图 6-179　添加木纹位图

(3) 在修改面板中添加【UVW 贴图】修改器，设置参数，旋转 Gizmo，如图 6-180 所示。

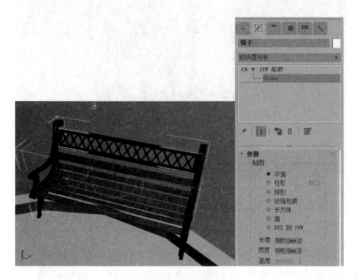

图 6-180　设置贴图坐标

(4) 使用同样的方法检查另外一组椅子的材质。

8.　铺路 1 材质

(1) 选择铺路 1 模型，编辑铺路 1 的多边形 ID 号，编辑方法前面已经讲述。

(2) 选择一个空白的材质球，把该材质球赋予选择的模型，并把【标准】材质转换为【多维/子对象】材质，选择 1 号材质球，在其【漫反射】颜色通道中添加一张花纹铺砖位图，设置【高光级别】和【光泽度】参数，单击■按钮，显示纹理，如图 6-181 所示。

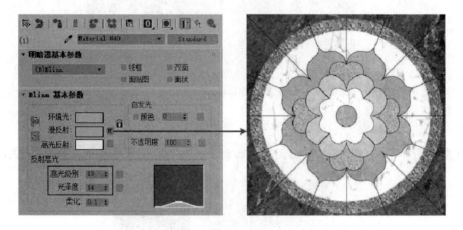

图 6-181　1 号材质

(3) 选择 2 号材质球，在其【漫反射】颜色通道中添加一张铺砖位图，设置【高光级别】和【光泽度】参数，单击■按钮，显示纹理，如图 6-182 所示。

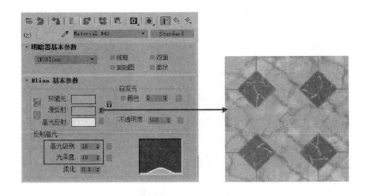

图 6-182　2 号材质

(4) 选择此材质球对应模型，在修改面板中添加【多边形选择】命令，选择多边形并再次添加【UVW 贴图】修改器，设置参数，如图 6-183 所示。

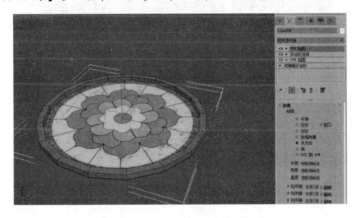

图 6-183　设置贴图坐标

9．铺路 2 材质

(1) 选择一个空白的材质球，选择铺路 2 模型，把该材质赋予选择的模型，在其【漫反射】颜色通道中添加一张铺砖位图，设置【高光级别】和【光泽度】参数，单击■按钮，显示纹理，如图 6-184 所示。

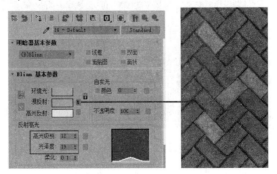

图 6-184　铺砖 2 材质

(2) 以【实例】的方式复制贴图至【凹凸】通道中，如图 6-185 所示。

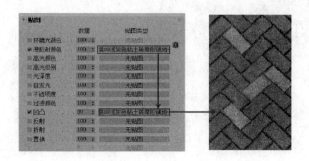

图 6-185　复制贴图

(3) 在修改面板中添加【UVW 贴图】修改器，设置参数，如图 6-186 所示。

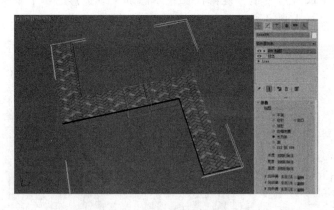

图 6-186　设置贴图坐标

10.　铺路 3 材质

(1) 选择一个空白的材质球，选择铺路 3 模型，在其【漫反射】颜色通道中添加一张石子铺路位图，裁剪位图，设置【高光级别】和【光泽度】参数，单击 ◉ 按钮，显示纹理，如图 6-187 所示。

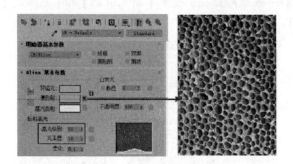

图 6-187　铺路 3 材质

(2) 以【实例】的方式复制贴图至【凹凸】通道中，设置凹凸【数量】为-80，把该材质赋予选择的模型，如图 6-188 所示。

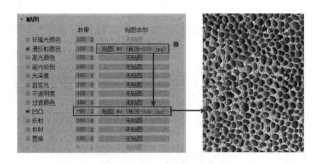

图 6-188　复制贴图

提　示：石子亮度较暗，若设置凹凸【数量】为正值，则会有凹陷的感觉，不符合现实中的情况。

(3) 在修改面板中添加【UVW 贴图】修改器，设置参数，如图 6-189 所示，隐藏模型。

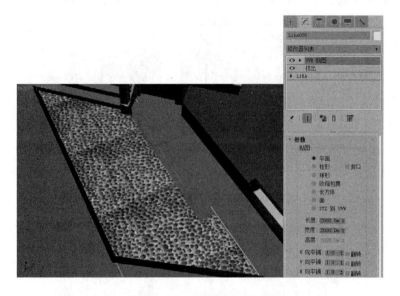

图 6-189　设置贴图坐标

11.　铺路 4 材质

通过和设计师沟通，铺路 4 材质对应模型有两种材质构成，编辑材质时可以采用先分离多边形，再分别赋予材质球的方法，也可以使用【多维/子对象】材质来表现，此处使用【多维/子对象】材质表现。

(1) 把模型转换为可编辑多边形并设置 ID 编号，具体方法前面已有详细的介绍，这里不再讲述。

(2) 选择 1 号材质，在其【漫反射】颜色通道中添加一张瓷砖位图，裁剪位图，设置【高光级别】和【光泽度】参数，单击■按钮，显示纹理，如图 6-190 所示。

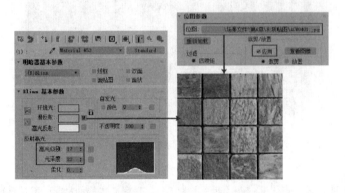

图 6-190　1 号材质

(3) 以【实例】的方式复制贴图至【凹凸】通道中，如图 6-191 所示。

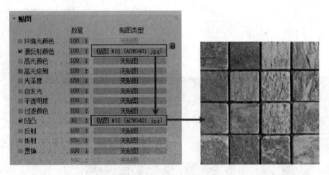

图 6-191　复制贴图

(4) 选择此材质球所对应的模型，在修改面板中添加【UVW 贴图】修改器，设置参数，如图 6-192 所示。

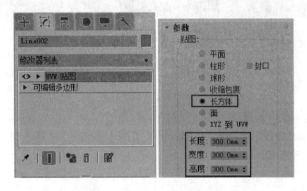

图 6-192　设置贴图坐标

(5) 选择 2 号材质，在其【漫反射】颜色通道中添加一张铺砖位图，设置【高光级别】和【光泽度】参数，单击 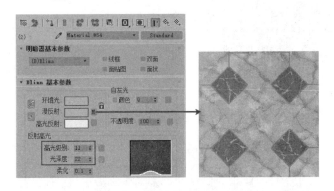 按钮，显示纹理，如图 6-193 所示。

图 6-193　2 号材质

(6) 在修改面板中添加【多边形选择】命令，选择 ID 编号为 2 号的多边形，添加【UVW 贴图】修改器，设置参数，如图 6-194 所示。

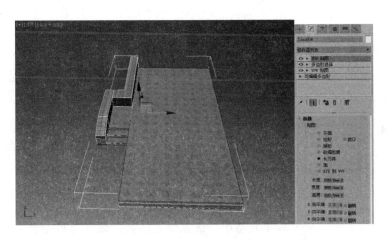

图 6-194　设置贴图坐标

12．水材质

通过对场景模型的观察，场景中有多处水模型，通过和设计师沟通，决定把其中一种制作成泳池材质，另一种为浅水池塘材质。

(1) 首先编辑泳池材质。选择泳池模型，把模型转换为可编辑多边形，选择模型上方的多边形，设置 ID 编号为 1 号，按 Ctrl+I 键反选多边形，设置 ID 编号为 2 号，单击 翻转 按钮，翻转多边形法线，如图 6-195 所示。

(2) 选择一个空白的材质球，把【标准】材质转换为【多维/子对象】材质，设置【材质数量】为 2，把该材质球赋予模型，选择 1 号材质球，勾选【双面】选项，设置【漫反射】颜色，设置【高光级别】和【光泽度】参数，设置【不透明度】为 47，单击 ◉ 按钮，显示背景，如图 6-196 所示。

图 6-195　翻转法线

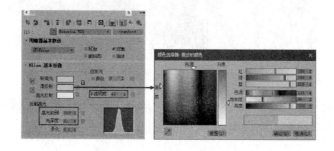

图 6-196　泳池 1 号材质

(3) 打开【扩展参数】卷展栏，设置【过滤】颜色，如图 6-197 所示。

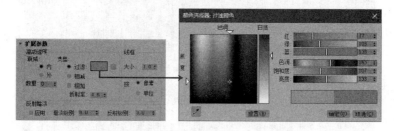

图 6-197　设置过滤颜色

(4) 在【凹凸】通道中添加噪波贴图，设置噪波参数，设置反射【数量】为 30，如图 6-198 所示。

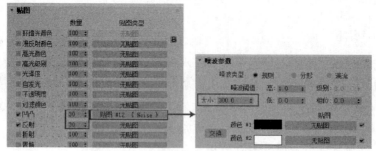

图 6-198　添加噪波贴图和反射贴图

(5) 选择 2 号材质，在其【漫反射】颜色通道中添加一张马赛克位图，裁剪位图，设置【高光级别】和【光泽度】参数，单击■按钮，显示纹理，如图 6-199 所示。

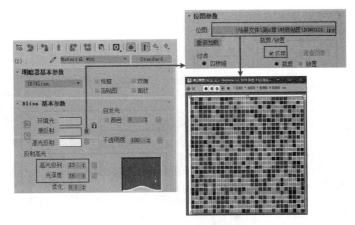

图 6-199　泳池 2 号材质

(6) 为此材质球所对应模型添加【UVW 贴图】修改器，设置参数，如图 6-200 所示。

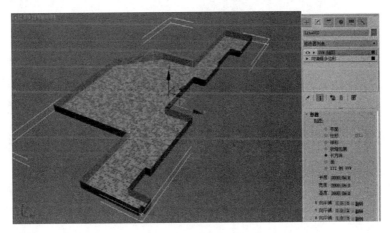

图 6-200　设置贴图坐标

(7) 使用同样的方法编辑浅水池塘的材质，勾选【双面】选项，设置【漫反射】颜色，设置【高光级别】和【光泽度】参数，设置【不透明度】为 61，单击◉按钮，显示背景，如图 6-201 所示。

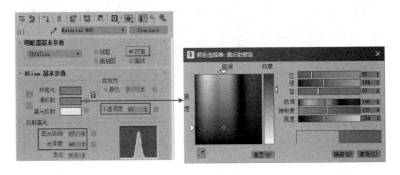

图 6-201　浅水池塘 1 号材质

(8) 打开【扩展参数】卷展栏，设置【过滤】颜色，如图 6-202 所示。

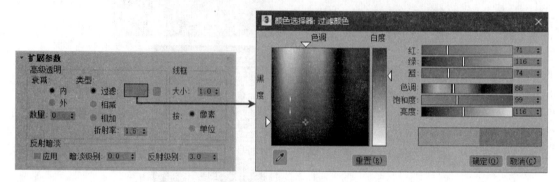

图 6-202　设置过滤颜色

(9) 在【凹凸】通道中添加噪波贴图，设置噪波参数，设置反射【数量】为 40，如图 6-203 所示。

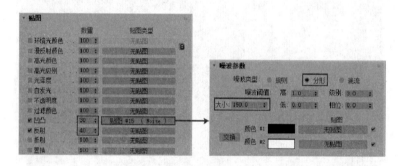

图 6-203　添加噪波贴图和反射贴图

(10) 选择 2 号材质，在其【漫反射】颜色通道中添加一张石子铺路位图，裁剪位图，设置【高光级别】和【光泽度】参数，单击◉按钮，显示纹理，如图 6-204 所示。

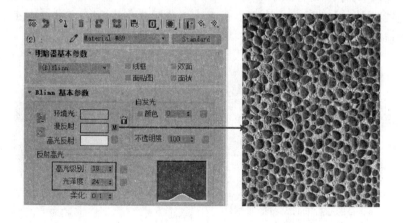

图 6-204　浅水池塘 2 号材质

(11) 为此材质球所对应模型添加【UVW 贴图】修改器，设置参数，如图 6-205 所示。

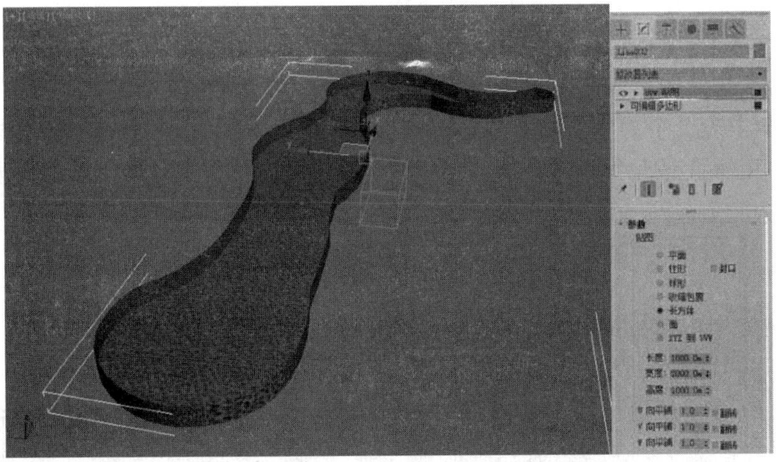

图 6-205　设置浅水池塘 2 号材质贴图坐标

(12) 选择其他地方的水模型，把泳池材质赋予这些模型。

> 提 示：部分水模型和其他模型已经群组，可以通过选择【组】|【解组】命令，解开群组，设置匹配的 ID 编号后，再赋予材质。

(13) 隐藏泳池材质和浅水池塘材质对应的模型。

13．喷泉材质

通过和设计师的沟通，喷泉模型的材质和雕塑材质可以设置为同一材质。

(1) 选择喷泉模型，把雕塑材质赋予喷泉模型，把模型转换为可编辑多边形，在修改面板中添加【UVW 贴图】修改器，设置参数，如图 6-206 所示。

图 6-206　设置喷泉材质贴图坐标

(2) 隐藏喷泉模型。

14. 花盆材质

(1) 选择花盆模型，选择【组】|【解组】命令，解开群组，把模型转换为可编辑多边形，并【附加】为一个物体，给多边形分配合适的 ID 编号，选择一个空白材质球，通过分配 ID 编号可知共有三个 ID 编号，需要使用【多维/子对象】材质，把该材质赋予花盆模型。

(2) 选择 1 号材质，设置参数，如图 6-207 所示。

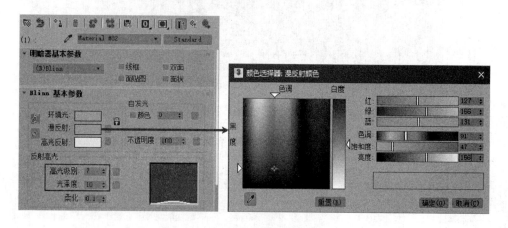

图 6-207　1 号材质设置参数

(3) 选择 2 号材质，在其【漫反射】颜色通道中添加一张大理石位图，裁剪位图，设置【高光级别】和【光泽度】参数，单击■按钮，显示纹理，如图 6-208 所示。

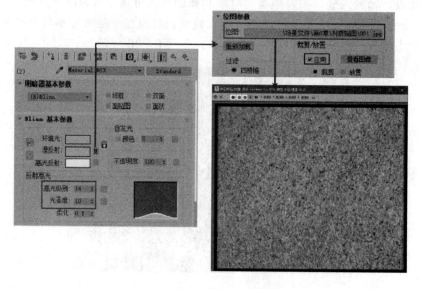

图 6-208　2 号材质设置参数

(4) 选择 3 号材质，在其【漫反射】颜色通道中添加一张抽象画位图，设置【高光级别】和【光泽度】参数，单击◙按钮，显示纹理，如图 6-209 所示。

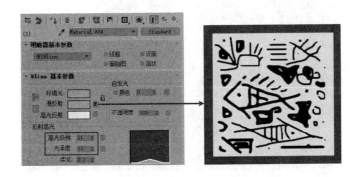

图 6-209　3 号材质设置参数

(5) 为此材质球所对应模型添加【UVW 贴图】修改器，设置参数，如图 6-210 所示。

图 6-210　设置贴图坐标

15．亭子护栏材质

(1) 选择亭子护栏和柱子模型，选择一个空白的材质球，并赋予选择的模型。亭子护栏材质的编辑方法可参考雕塑材质和烧烤架材质的编辑，这里不再讲述，具体参数设置如图 6-211 所示。

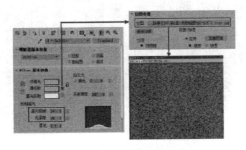

图 6-211　护栏材质

(2) 为此材质球所对应模型添加【UVW 贴图】修改器，设置参数，如图 6-212 所示。

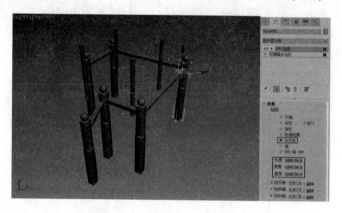

图 6-212　设置贴图坐标

16. 护栏底部材质

(1) 护栏底部材质的编辑方法和烧烤架材质的编辑方法一致，设置参数，如图 6-213 所示。

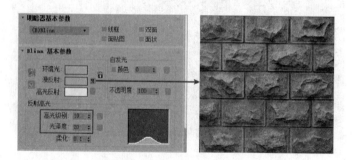

图 6-213　护栏底部材质

(2) 以【实例】的方式复制贴图至【凹凸】通道中，设置凹凸【数量】为 50，如图 6-214 所示。

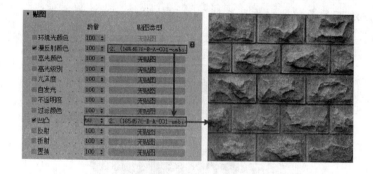

图 6-214　复制贴图

(3) 为此材质球对应模型添加【UVW 贴图】修改器，设置参数，如图 6-215 所示。

图 6-215　设置贴图坐标

17.　亭子栏杆装饰材质和麻石桌凳材质

桌凳模型为调用模型文件，把雕塑材质赋予此模型组即可。通过和设计师的沟通，栏杆装饰材质也可以和雕塑材质合并为同一材质。

18.　木纹材质

(1) 选择一个空白的材质球，选择木质结构的模型，把该材质球赋予模型。

注 意：花架模型需要先解组，再把木纹材质赋予模型。

(2) 在其【漫反射】颜色通道中添加一张木纹位图，设置【高光级别】和【光泽度】参数，单击█按钮，显示纹理，如图 6-216 所示。

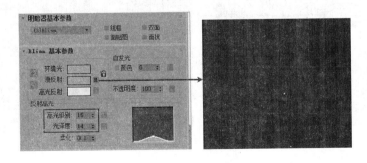

图 6-216　木纹材质

(3) 为此材质球对应模型添加【UVW 贴图】修改器，设置参数，如图 6-217 所示。

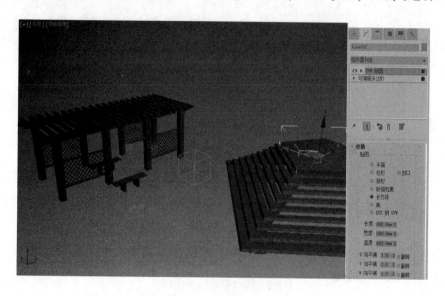

图 6-217　设置贴图坐标

19. 木地板材质

(1) 选择亭子的地板模型和其他位置的木地板模型，选择一个空白的材质球，把该材质球赋予选择的模型。

(2) 在其【漫反射】颜色通道中添加一张木纹位图，设置【高光级别】和【光泽度】参数，单击◉按钮，显示纹理，如图 6-218 所示。

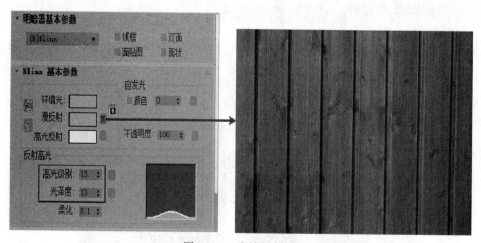

图 6-218　木地板材质

(3) 以【实例】的方式复制贴图至【凹凸】通道中，设置凹凸【数量】为 50，如图 6-219 所示。

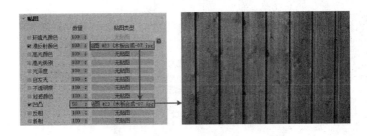

图 6-219　复制贴图

(4) 在修改面板中分别为木地板材质对应的模型添加【UVW 贴图】修改器，设置参数，如图 6-220 所示为亭子的木地板贴图坐标设置参数，其他地方的参数可参考此处效果进行设置。

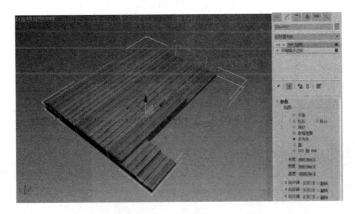

图 6-220　设置贴图坐标

20. 铺路 5 材质

(1) 选择一个空白的材质球，选择铺路 5 模型，把该材质球赋予选择的模型，在其【漫反射】颜色通道中添加一张铺路位图，设置【高光级别】和【光泽度】参数，单击 ◉ 按钮，显示纹理，如图 6-221 所示。

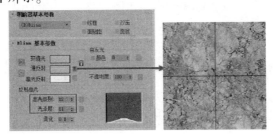

图 6-221　铺路 5 材质

(2) 为此材质球对应模型添加【UVW 贴图】修改器，设置参数，如图 6-222 所示。

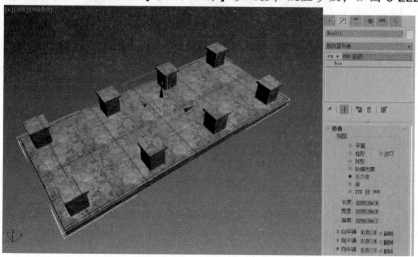

图 6-222　设置贴图坐标

21. 围墙和门材质

(1) 围墙由栏杆和柱子组成，柱子的材质编辑方法和烧烤架以及雕塑材质的编辑方法基本一致，这里不做详解，其中，柱子顶部路灯模型的材质设置如图 6-223 所示。

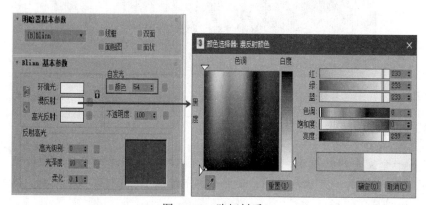

图 6-223　路灯材质

下面重点讲述如何使用【不透明度】贴图通道制作栏杆和门的效果。

提示：栏杆的框架模型自身的颜色已经接近需要设置的【漫反射】颜色，这里不用再次设置。

(2) 选择一个空白的材质球，把该材质赋予栏杆模型，在其【不透明度】贴图通道中添加一张栏杆的黑白位图，裁剪位图，设置【漫反射】颜色，勾选【双面】选项，如图 6-224 所示。

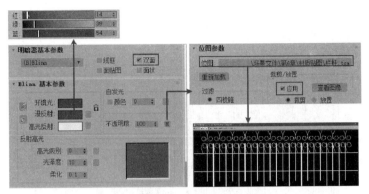

图 6-224　栏杆材质

(3) 选择栏杆模型，在修改面板中添加【UVW 贴图】修改器，设置参数，如图 6-225 所示，调整 Gizmo 位置。

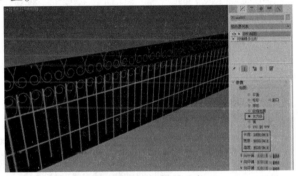

图 6-225　设置贴图坐标 1

提 示：为了方便调整，可以在视图中显示栏杆黑白位图的纹理。

(4) 通过对栏杆效果的观察，栏杆的平铺次数太多，需要取消 V 方向的重复平铺效果，设置参数如图 6-226 所示。

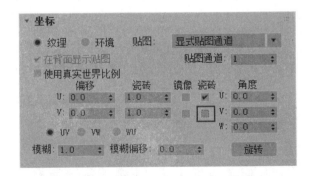

图 6-226　取消勾选平铺选项

(5) 在修改面板中添加【多边形选择】命令，选择需要调整贴图坐标的多边形，设置参数并调整 Gizmo 位置，如图 6-227 所示。

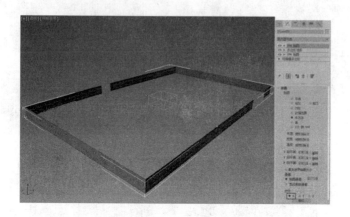

图 6-227　设置贴图坐标 2

(6) 使用同样的方法编辑门材质，门材质的参数设置如图 6-228 所示。

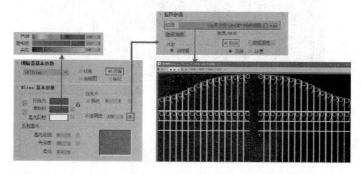

图 6-228　门材质

22. 其他材质

(1) 选择任意一个材质球，单击 🗑 按钮，重置选择的材质球，在弹出的对话框中选择【仅影响编辑器示例窗中的材质/贴图】单选按钮，单击 确定 按钮，如图 6-229 所示。

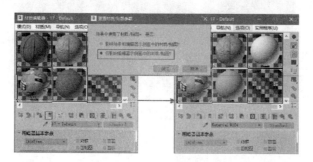

图 6-229　重置选择的材质球

技巧：材质编辑器最多只能显示 24 个示例窗，但不意味着一个场景最多只能拥有 24 种材质。如果要编辑第 25 个材质，可以复位暂时不需要编辑的材质示例窗。若选择【重置材质/贴图参数】对话框第一个单选项，则当前示例窗材质从场景中完全删除，因而只有当该材质不再需要时才选择该选项。

(2) 选择主体建筑模型，把该材质赋予选择的模型，由于本案例的制作目的是庭院景观的表现，所以主体建筑模型的材质简单设置即可。设置【漫反射】颜色，如图 6-230 所示。

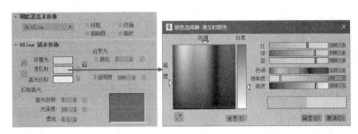

图 6-230　主体建筑材质

(3) 显示所有模型，使用同样的方法为围墙以外的模型赋予材质，只需要简单设置【漫反射】颜色即可，这里不再讲述。

(4) 渲染摄影机视图，效果如图 6-231 所示。

图 6-231　渲染摄影机视图效果

6.4 渲染测试和灯光设置

材质编辑完毕后，为了让场景效果更好，需要进行灯光设置。创建灯光时需要反复测试，为了减少灯光调试的渲染等待时间，应先进行渲染测试的优化。

6.4.1 渲染测试设置

为了加快渲染速度，减少渲染时间，通常设置较低的渲染测试参数。

提示：本书中的 VRay 渲染器将以高级模式作为讲解模板。

(1) 按快捷键 F10，打开【渲染场景】对话框，选择【渲染器】选项卡，进行渲染测试的设置。

(2) 打开【全局控制】卷展栏，取消【隐藏灯光】的勾选，在【默认灯光】中选择"关闭 GI"，勾选【覆盖深度】选项，设置参数值为 1，如图 6-232 所示。

(3) 打开【图像采样器（抗锯齿）】卷展栏，设置【图像采样器】的【类型】为【块】，勾选【图像过滤器】选项，设置【过滤器】类型为【区域】，如图 6-233 所示。

图 6-232　设置全局控制参数

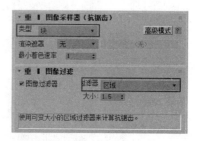

图 6-233　设置图像采样器（抗锯齿）参数

在【类型】下拉列表中可以选择 VRay 提供的【块】、【渐进】两种采样器。当选择不同的采样器时，渲染面板会出现相应的采样器卷展栏，设置采样器的采样参数。

【块】是一种计算方法较为简单的采样器，最为常用。它对图像的每个像素点使用一个固定的细分值。该采样器通常用于具有大量的模糊特效（比如运动模糊、景深模糊，反射模糊、折射模糊等）或高细节纹理贴图的场景渲染，以兼顾渲染品质和渲染时间。

在所有过滤器当中，【区域】、Mitchell-Netravali 和 Catmull-Rom 是最常用的三种过滤器类型。其中 Mitchell-Netravali 的抗锯齿效果最好，可以得到比较清晰的纹理，Catmull-Rom 抗锯齿可以得到经过锐化的图像效果，就像用 Photoshop 的锐化功能一样，在室外效果图渲染中经常使用。

在测试渲染时，常常采用【块】采样器，参数设置默认即可，关闭【抗锯齿过滤器】，以加快渲染速度。一般情况下，如果场景比较简单，也可以勾选【图像过滤器】选项，但要把【过滤器】类型设置为【区域】。

(4) 打开【全局照明（GI）】卷展栏，勾选【启用 GI】前面的复选框，如图 6-234 所示。

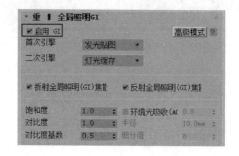

图 6-234　设置全局照明（GI）参数

在 VRay 中，间接光被分成两个部分进行计算：【首次引擎】和【二次引擎】。发生在直接光照射范围内着色点上的是首次引擎（包括穿过反射/折射表面的光线），除此之外，发生在其他包含在 GI 计算中着色点上的反弹称为二次引擎。

【首次引擎】中有三个选项，如图 6-235 所示，比较常用的是【发光贴图】，VRay 提供了 8 种质量的渲染参数预设，用于控制【发光贴图】渲染的品质，渲染的质量越高，计算【发光贴图】所用时间会越长，如图 6-236 所示。

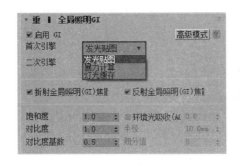

图 6-235　首次引擎的类型

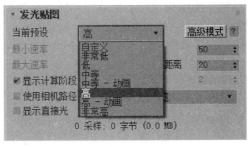

图 6-236　渲染参数预设

【二次引擎】中也有三个选项，比较常用的是【暴力计算】和【灯光缓存】。默认下为【灯光缓存】，如图 6-237 所示。

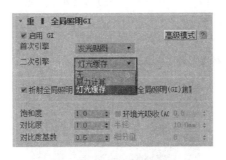

图 6-237　二次引擎的类型

当二次引擎为【暴力计算】时，在面板中会出现【暴力计算】卷展栏，可以设置【细分】等参数，一般测试时细分参数为 5 ~ 10，最终出图时为 30 ~ 60。具体参数设置还要根据场景情况灵活运用，如图 6-238 所示为默认情况下的参数。

(5) 打开【全局品控】卷展栏，设置【自适应数量】为 0.95，如图 6-239 所示。

图 6-238　【暴力计算】卷展栏

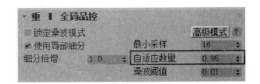

图 6-239　设置全局确定性蒙特卡洛参数

在此卷展栏中，【自适应数量】是控制早期终止应用的范围，值为 1 时意味着最大限度的早期终止，值为 0 时则是早期终止不会被使用，值越大，渲染时间越快，值越小，渲染时间越慢。在测试阶段通常设置为 0.95 左右。

【噪波阈值】是控制渲染结果的杂点情况，值越小，图像品质越好，速度越慢。通常测试阶段设置为 0.01 或者 0.02。

【最小采样】值决定着早期终止被使用前使用的最小样本，值越小，渲染速度越快，值越大，渲染速度越慢，但品质会越好。通常测试阶段设置为 5-10。

(6) 打开【发光贴图】卷展栏，设置【发光贴图】参数，勾选【显示计算阶段】和【显示直接光】选项，如图 6-240 所示。

图 6-240　设置发光贴图参数

> 提 示：【显示计算阶段】和【显示直接光】选项勾选与否对渲染结果没有影响，这两个选项是否勾选依个人习惯而定。

(7) 渲染摄影机视图，效果如图 6-241 所示。

图 6-241　渲染摄影机视图效果

场景除了路灯外一片漆黑，这是因为取消了勾选【隐藏灯光】并关闭 GI 的缘故，为了使场景有光亮，同时也为了使场景水面有更好的反射效果，可以为场景设置球天环境。

> 提 示：球天是室外效果图渲染时常用的一种创建环境效果的方法。在现实生活中，建筑周围有丰富多彩的环境，其中包括各种各样的环境物体，如树木、配楼等。而在室外渲染中，这些环境对象不可能都用三维模型创建出来，所以在室外效果图表现中，常常会使用球天来模拟建筑周边环境，使渲染效果更加逼真。

(8) 切换到顶视图，进入创建面板，在【几何体】面板中单击█████ 球体 ████按钮，在顶视图合适位置创建一个【半径】为 120000mm 左右的球体，如图 6-242 所示。

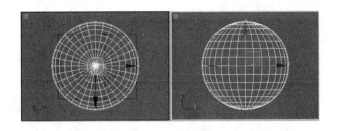

图 6-242　创建球体

(9) 把球体转换为可编辑多边形，在前视图中删除地面下方的多边形，使用缩放工具和移动工具调整形状，如图 6-243 所示。

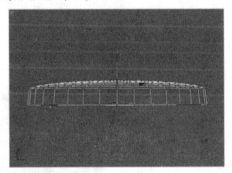

图 6-243　调整形状

(10) 打开材质编辑器，重置一个材质球并赋予球体模型，在【漫反射】颜色通道中添加一张天空位图，以【实例】的方式复制贴图至【自发光】通道中，如图 6-244 所示。

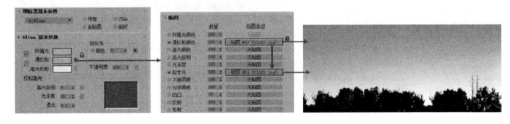

图 6-244　球体材质

(11) 在修改面板中添加【法线】修改器，添加【UVW 贴图】修改器，设置参数，如图 6-245 所示。

(12) 渲染摄影机视图，效果如图 6-246 所示。

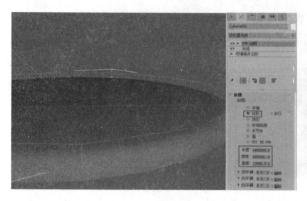

图 6-245　设置贴图坐标　　　　　　　图 6-246　渲染摄影机视图效果

渲染结果为蓝色，这是因为没有设置球体属性的原因。

(13) 选择球体模型，单击右键，在右键菜单中选择【对象属性】命令，设置球体属性，如图 6-247 所示。

(14) 再次渲染摄影机视图，效果如图 6-248 所示。

图 6-247　设置球体属性　　　　　　　图 6-248　渲染摄影机视图效果

6.4.2 主光源的设置

主光源可以使用目标聚光灯模拟，也可以使用目标平行光来模拟。本案例是白天庭院景观的表现，本案例中的主光源用目标平行光来模拟。

(1) 在灯光面板中单击 目标平行光 按钮，在顶视图中合适位置单击鼠标并拖动至建筑位置，为场景创建一盏目标平行灯来模拟主光源，在前视图中调整目标聚光灯和目标点的高度，如图 6-249 所示。

提示：为了让场景有较好的投影效果和受光区域，需要对主光源的位置进行多次调试，本案例主光源位置的调试步骤省略。

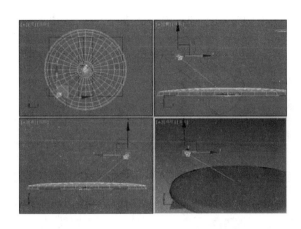

图 6-249　创建并调整灯光位置和高度

在设置主灯光的聚光灯范围时，不要将聚光区的范围设置得过大，仅将中心的主体建筑包含在其中即可，过大的聚光区范围会增加渲染的计算时间。在使用微调器调整聚光区参数时，按住 Ctrl 键的同时再拖动微调器，能够加快参数变化的速度。

(2) 选择目标平行光，在修改面板中勾选【启用】阴影选项，在阴影下拉菜单中选择【VRayShadow（阴影）】，设置灯光颜色参数，设置【聚光区/光束】为 10mm，设置【衰减区/区域】为 38000mm，如图 6-250 所示。

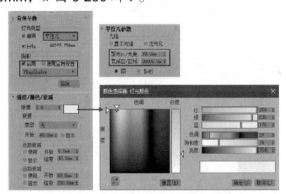

图 6-250　设置灯光参数

(3) 渲染摄影机视图，渲染结果如图 6-251 所示。

图 6-251　渲染摄影机视图效果

渲染效果基本满意，可以渲染一张精度略高的小图查看渲染效果。

(4) 为了避免场景中部分材质曝光，给后期调整留有余地，可以通过调整【全局照明（GI）】卷展栏中的【二次引擎】参数和【颜色映射】参数的方法，降低图像的亮度，如图 6-252 和图 6-253 所示。

图 6-252　调整二次引擎倍增器参数　　　　　　图 6-253　调整颜色映射参数

【颜色映射】也就是常说的曝光模式，它主要控制灯光方面的衰减以及色彩的不同模式，如图 6-254 所示。

图 6-254　颜色映射方式

常用的颜色映射类型有以下三种：

线性倍增：此类型是基于最终图像色彩的亮度进行简单的倍增，使用这种色彩贴图容易导致靠近光源的表面曝光。参数面板如图 6-255 所示。

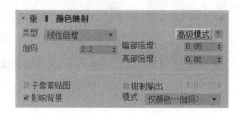

图 6-255　线性倍增

指数：这种类型是采用指数曝光模式，它可以降低靠近光源处表面的曝光效果，同时场景的颜色饱和度也会明显降低，其局部参数与【线性曝光】相同。参数面板如图 6-256 所示。

莱恩哈德：此类型如果使用默认参数进行渲染，效果与【线性倍增】相同。它是一种混合于【指数倍增】和【线性倍增】之间的颜色映射类型。当选择此类型时，如果设置【加深值】为 0 时，它将近似于【指数】，设置【加深值】为 1 时，它将似于【线性倍增】，设置【加深值】为 0.5，【指数】和【线性倍增】效果各占一半，参数面板如图 6-257 所示。

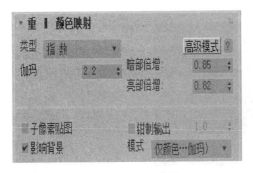

图 6-256　指数

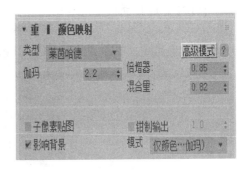

图 6-257　莱恩哈德

6.4.3 渲染小图

场景的大体效果已经制作出来，渲染一张精度略高的小图查看场景情况。

(1) 打开【图像采样器（抗锯齿）】卷展栏，设置【图像采样器】的【类型】为【块】，设置【图像过滤器】为 Mitchell-Netravali，如图 6-258 所示。

(2) 打开【发光贴图】卷展栏，设置参数，如图 6-259 所示。

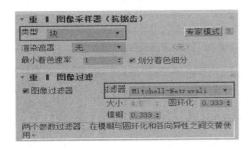

图 6-258　设置【图像采样器（抗锯齿）】参数

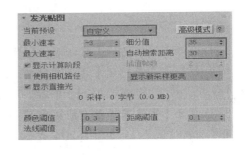

图 6-259　设置【发光贴图】参数

(3) 打开【全局品控】卷展栏，进行参数设置，如图 6-260 所示。

(4) 选择【公用】选项卡，设置【输出大小】参数，如图 6-261 所示。

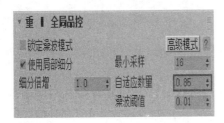

图 6-260　设置【全局控制】参数

图 6-261　设置【输出大小】参数

(5) 渲染摄影机视图，渲染效果如图 6-262 所示。

图 6-262　渲染效果

6.5　渲染输出

在最终渲染输出时，为了节约时间，可以采用先渲染一张小图并保存光子，然后调用保存的光子渲染出最终大图的方法。

6.5.1　输出图片

1.　保存光子

(1) 打开【渲染场景】对话框，打开【渲染器】选项卡，设置渲染光子参数。

(2) 打开【全局控制】卷展栏，勾选【不渲染最终的图像】选项，取消勾选【隐藏灯光】选项，设置【默认灯光】为"关闭 GI"，如图 6-263 所示。

(3) 打开【图像采样器（抗锯齿）】卷展栏，设置【图像采样器】的【类型】为【块】，关闭【图像过滤器】，如图 6-264 所示。

图 6-263　设置【全局控制】参数

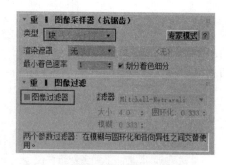

图 6-264　设置【图像采样器（抗锯齿）】参数

(4) 打开【发光贴图】卷展栏，设置参数，勾选【自动保存】选项，单击 ⬛ 按钮，设置保存光子路径，勾选【切换到保存的地图】选项，如图 6-265 所示。

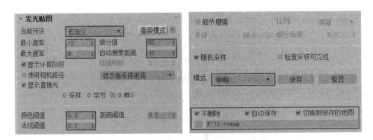

图 6-265 设置【发光贴图】参数

(5) 打开【全局品控】卷展栏，设置参数如图 6-266 所示。

(6) 打开【公用】选项卡，设置【输出大小】参数，如图 6-267 所示。

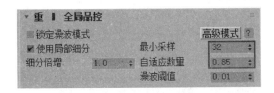

图 6-266 设置【全局品控】参数

图 6-267 设置【输出大小】参数

> **提示**：理论上讲，发光图与最终成品图的尺寸越接近越好，但是发光图支持 4 倍的像素放大，也就是说当发光图为成品图尺寸的 1/4 时，就可以为最终成品图提供发光图计算了。所以不需要设置过大的发光图尺寸，浪费不必要的渲染时间。

(7) 渲染摄影机视图，渲染效果如图 6-268 所示。

图 6-268 渲染摄影机视图效果

2．调用光子

(1) 待光子渲染结束后，再次打开【渲染场景】对话框，设置参数，在【全局控制】卷展栏中取消勾选【不渲染最终的图像】选项，如图 6-269 所示。

(2) 在【图像采样器（抗锯齿）】卷展栏中，设置图像采样器的【类型】，打开并设置【图像过滤器】类型，如图 6-270 所示。

图 6-269　设置【全局控制】参数

(3) 由于在渲染光子时勾选了【切换到保存的贴图】选项，系统会在渲染光子结束后，系统会自动调用光子，如图 **6-271** 所示。

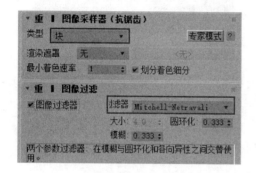

图 6-270　设置【图像采样器（抗锯齿）】参数

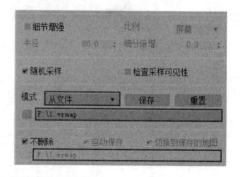

图 6-271　系统自动调用光子

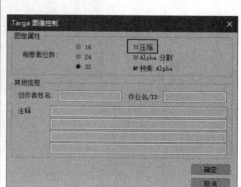

图 6-272　设置图片格式

(4) 单击 文件… 按钮，设置保存路径，设置保存类型为 TGA 格式并命名，单击 保存(S) 按钮，在弹出的对话框中取消勾选【压缩】选项，单击 确定 按钮，如图 6-272 和图 6-273 所示。

(5) 设置【输出大小】参数，如图 6-274 所示。

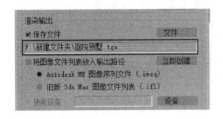

图 6-273　设置渲染输出路径

图 6-274　设置输出大小参数

(6) 渲染摄影机视图，效果如图 6-275 所示。

图 6-275　渲染摄影机视图效果

6.5.2 输出通道

为了方便 Photoshop 后期处理，往往要渲染一幅与效果图大小、位置完全一致的纯色图像，我们将其称为"材质通道图"，借助它可以方便地选择效果图中的不同部分。在后期处理过程中，调整局部材质区域的色相、亮度、对比度时，就可以很方便地选择它们了。

为了使每个场景对象都渲染输出为单一颜色的色块，各个对象的材质都要设置为单色的自发光材质，然后再进行渲染输出。

为了方便后期调整，需要渲染输出材质通道和阴影通道。

1. 输出材质通道

(1) 关闭灯光，隐藏表示天空的球体模型，去除场景中材质的所有贴图，把场景中的材质设置为不同的【漫反射】颜色，设置【自发光】为100，设置【高光级别】和【光泽度】参数为0，设置【不透明度】为100，取消保存路径，删除门和栏杆模型，如图 6-276 和图 6-277 所示。

(2) 渲染摄影机视图，效果如图 6-278 所示，单击■按钮，保存渲染结果，保存为 TGA 格式。

图 6-276　关闭灯光

图 6-277　取消保存路径

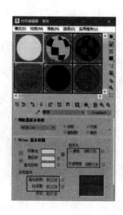

图 6-278　编辑材质

2．输出阴影通道

(1) 在输出阴影通道时，需要把场景中模型的材质转换为【无光/投影】材质，渲染出阴影通道，如图 6-279 所示。为了有比较好的阴影效果，需要开启灯光，设置灯光的阴影为【光线跟踪阴影】，如图 6-280 所示。

图 6-279　阴影通道

图 6-280　设置灯光阴影参数

(2) 由于 VRay 渲染器和【无光/投影】材质不兼容，需要将渲染器转换为【默认扫描线渲染器】，如图 6-281 所示。

图 6-281　指定渲染器

(3) 设置【过滤器】为 Mitchell-Netravali，如图 6-282 所示。

图 6-282　设置【过滤器】参数

(4) 打开材质编辑器，重置任意一个材质球，选择全部模型，将该材质球赋予模型，单击 Standard 按钮，在【材质/贴图浏览器】中选择【无光/投影】，单击 确定 按钮，把【标准】材质转换为【无光/投影】材质，如图 6-283 所示。

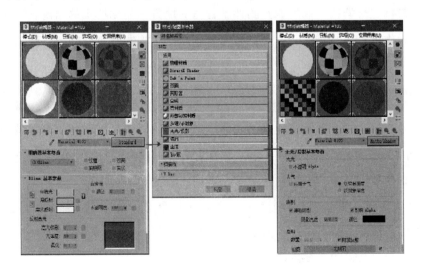

图 6-283　转换材质

（5）为了更好地观察阴影效果，设置阴影的【颜色】，如图 6-284 所示。

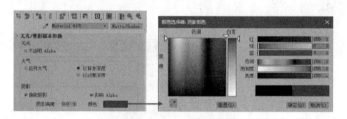

图 6-284　设置阴影颜色

（6）渲染摄影机视图，效果如图 6-285 所示，把渲染结果保存为 TGA 格式。

图 6-285　阴影通道

6.6　后期制作

后期制作的基本思路是先整体调整，再局部细节调整，最后再回到整体进行调整。

对于本案例来说，先要初步调整整体画面的亮度、替换原渲染的草地等，初步调整后再添加其他素材进行调整，最后调整局部不合适的地方，强化场景的氛围，完善场景。

在后期制作中，添加素材的方法是先整体后局部，首先添加占有大面积的地面部分素材，然后再添加局部的植物素材，在添加局部素材的同时调整场景其他部分的效果。

6.6.1 打开渲染图像

在进行后期处理时，需要将渲染出来的效果图和通道图片整理为一个场景图片。

（1）启动 Photoshop 应用程序，把渲染出来的最终效果图和通道图片打开，把通道图片拖动到渲染效果图中并对齐，调整图层的次序，如图 6-286 所示。

（2）分别双击通道图层的名称，把通道图层重新命名，选择【背景】图层，按 Ctrl+J 键复制【背景】图层，分别单击【图层 2】图层、【图层 1】图层和【背景】图层的 ◉ 图标，关闭这三个图层，如图 6-287 所示。

> **提示：** 在拖动图片到另一个图片中时，按住 Shift 键再拖动图片，可以自动对齐。

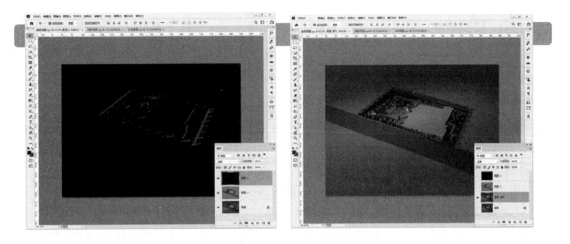

图 6-286　打开并拖动图片　　　　　　　　　　图 6-287　关闭图层

提　示：为了尽量不破坏原渲染效果图，需要复制【背景】图层，以便在后期处理过程中，对【背景副本】图层进行了误操作但又无法返回时，可以通过【背景】图层进行弥补。

6.6.2 初步调整

在添加素材丰富场景之前，可以先进行初步调整，以便适时调整将要添加到场景中的植物素材。

1．调整亮度

通过对场景的观察，场景明显偏暗，需要调整亮度。

按 Ctrl+L 键，打开【色阶】对话框，调整【色阶】参数，如图 6-288 所示，效果如图 6-289 所示。

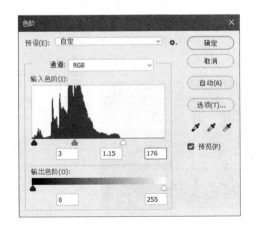

图 6-288　调整【色阶】参数

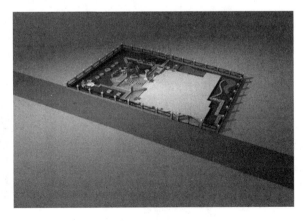

图 6-289　调整色阶参数效果

2. 替换草地

原渲染图片的草地效果不够真实，需要替换。

(1) 选择【魔棒工具】 ✨，设置【容差】为 5，取消【连续】选项勾选，如图 6-290 所示。

图 6-290 设置【魔棒工具】参数

(2) 选择【材质通道】图层，单击该图层前面的 □ 图标，显示该图层，使用【魔棒工具】选择庭院地面的草地部分，如图 6-291 所示。

(3) 单击【材质通道】图层前面的 ◉ 图标，选择【背景拷贝】图层，按 Delete 键删除，按 Ctrl+D 键取消选择，如图 6-292 所示。

(4) 在素材库中找到草地素材，如图 6-293 所示，使用【矩形选框工具】 ▢ 选取区域，如图 6-294 所示，使用【移动工具】 ✛ 移动到场景中。

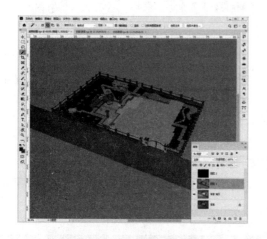

图 6-291 选择草地部分　　　　　　　图 6-292 删除原渲染地面草地

图 6-293 草地素材　　　　　　　　图 6-294 选取区域

(5) 按 Ctrl+T 键添加【变换】命令，调整大小，按 Enter 键确认变换大小，如图 6-295 所示。

(6) 按 Ctrl+J 键复制图层，按 Ctrl+T 键添加【变换】命令，单击右键，在右键菜单中选择【水平翻转】命令，如图 6-296 所示，按 Enter 键确认。

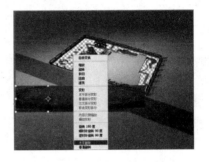

图 6-295　变换大小　　　　　　　　　图 6-296　选择【水平翻转】命令

技 巧：在调整大小时，可以按住 Shift 键拖动变换框的四角任意一角，以等比例缩放。

(7) 调整添加到场景中的草地素材的位置，检查素材的相接处是否融合，通过检查，相接处比较理想，如图 6-297 所示。

(8) 按 Ctrl+E 键向下合并图层，按 Ctrl+J 键复制图层，调整位置，按 Ctrl+T 键添加【变换】命令，单击右键，在右键菜单中选择【垂直翻转】命令，如图 6-298 所示，按 Enter 键确认。

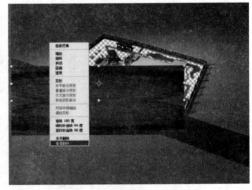

图 6-297　检查相接处　　　　　　　　图 6-298　选择垂直翻转命令

提 示：若相接生硬，可以使用【橡皮擦工具】轻轻擦拭，进行调整。

(9) 使用【橡皮擦工具】调整相接生硬的地方，如图 6-299 所示。

提 示：在使用【橡皮擦工具】调整时，为了更容易把握，可以降低【不透明度】和【流量】参数。

(10) 按 Ctrl+E 键向下合并图层，使用类似方法继续复制并调整草地素材，效果如图 6-300 所示。

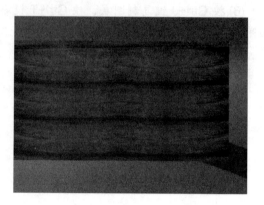

图 6-299　调整相接处　　　　　　　　　　图 6-300　调整草地素材

> 提 示：按下 Shift＋Ctrl＋[快捷键，可将当前选择图层移至所有图层的上方，成为最顶层；按下 Ctrl＋[快捷键，可以将当前选择图层上移一层；按下 Ctrl＋]快捷键，可以将当前选择图层下移一层；按下 Shift＋Ctrl＋]快捷键，可将当前选择图层移至背景图层上方。

(11) 调整图层的次序，使草地素材所在图层在【背景副本】图层的下一层，如图 6-301 所示。

图 6-301　调整图层次序

3. 添加阴影

由于在删除原草地时，草地上面的投影也被删除，所以需要重新添加阴影。

(1) 选择【图层 2】图层，单击该图层前面的 ▢ 图标，显示该图层，使用【魔棒工具】选择红色阴影部分，如图 6-302 所示。

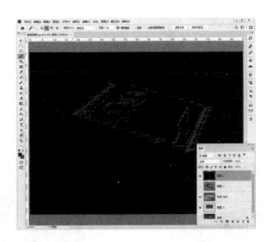

图 6-302　选择阴影部分

(2) 单击【图层 2】图层前面的 👁 图标，隐藏该图层，选择草地素材图层，单击 ⊞ 按钮，新建图层，设置前景色为黑色，填充前景色，如图 6-303 所示，按 Ctrl+D 键取消选择，调整【填充】为 46%，如图 6-304 所示。

图 6-303　新建图层并填充黑色

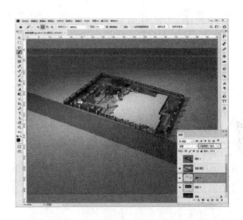

图 6-304　调整填充值阴影效果

6.6.3 添加植物素材

添加素材的方法有很多，可以按照先添加远景素材，再添加中景和近景素材的顺序，也可以按照先添加较矮的灌木和花草，再添加高大树木的顺序。

本案例添加植物素材是采用先添加灌木和花草，再添加高大树木的顺序，在添加树木素材时根据场景需要，再次添加部分灌木和花草等素材进行补充。

1．添加灌木和花草素材

(1) 在素材库中找到灌木和花草素材，如图 6-305 所示。

(2) 把该素材添加到场景中，调整图层的次序，按 Ctrl+T 键添加【变换】命令，调整大小并放到合适位置，如图 6-306 所示。

图 6-305　灌木和花草素材 1

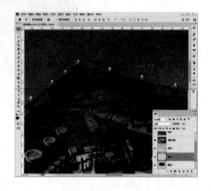

图 6-306　添加素材

(3) 选择【背景副本】图层，单击■按钮，添加图层蒙版，选择图层蒙版缩览图，使用【画笔工具】调整图层蒙版，如图 6-307 所示。

> 提　示：在调整图层蒙版时，可以结合【橡皮擦工具】进行调整。

(4) 在素材库中找到灌木和花草素材，如图 6-308 所示。

图 6-307　调整图层蒙版

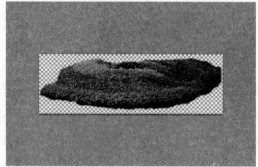

图 6-308　灌木和花草素材 2

(5) 把该素材添加到场景中，按 Ctrl+T 键添加【变换】命令，调整大小，单击右键，在右键菜单中选择【扭曲】命令，如图 6-309 所示，调整形状，调整效果如图 6-310 所示。

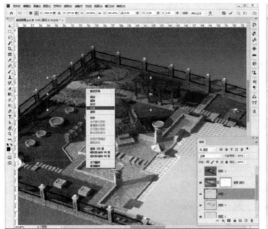

图 6-309　选择【扭曲】命令

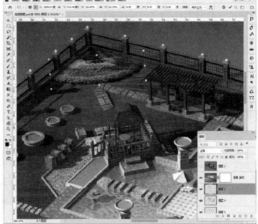

图 6-310　调整灌木

提　示：在调整时可以结合【变形】和【旋转】等命令，灵活选择合适变换命令进行调整。

(6) 调整图层的次序并放到合适位置，使用【橡皮擦工具】调整相接生硬地方。

(7) 使用类似的方法添加其他地方的灌木和花草素材，如图 6-311 和图 6-312 所示。

图 6-311　添加素材效果

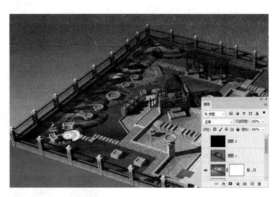

图 6-312　添加灌木效果

　　观察添加的灌木素材，立体感不足，需要进行调整。调整的方法通常有两种，一种是新建图层，并使用【画笔工具】和【橡皮擦工具】进行涂抹调整，另一种是使用【加深工具】和【减淡工具】进行调整，本案例采用前一种方法。

(8) 在【背景副本】图层的下一层新建图层，使用【画笔工具】并结合【橡皮擦工具】进行调整，如图 6-313 所示。

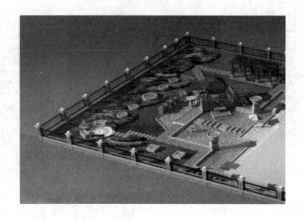

图 6-313　调整立体感

为了使灌木有所变化，调整添加灌木素材的颜色和亮度等参数。

(9) 选择需要调整的灌木所在图层，按 Ctrl+U 键添加【色相/饱和度】命令，调整参数，如图 6-314 所示，效果如图 6-315 所示。

图 6-314　调整【色相/饱和度】参数　　　　　图 6-315　调整效果

(10) 使用同样的方法调整其他位置的灌木效果，如图 6-316 所示。

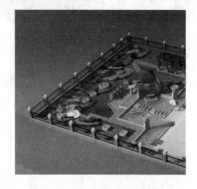

图 6-316　调整灌木效果

(11) 在素材库中找到树木素材，如图 6-317 所示，把该素材添加到场景中，调整大小并放到合适位置，调整图层的次序，如图 6-318 所示。

图 6-317　树木素材

图 6-318　添加树木素材

通过对树木的观察，树木的受光面和场景不匹配，需要调整方向。

(12) 按 Ctrl+T 键，添加【变换】命令，单击右键，在右键菜单中选择【水平翻转】命令，移动到合适位置，如图 6-319 所示，按 Enter 键确认。

(13) 使用【橡皮擦工具】在树木素材和灌木素材相接处涂抹，使两者相接更加融合，如图 6-320 所示。

图 6-319　选择水平翻转命令

图 6-320　调整相接处

(14) 使用【套索工具】选择如图 6-321 所示区域，复制并粘贴到场景中，调整大小，使用【橡皮擦工具】调整边缘，如图 6-322 所示，

图 6-321　选择区域

图 6-322　调整复制树木的边缘

(15) 按 Ctrl+U 键添加【色相/饱和度】命令，调整参数，如图 6-323 所示，效果如图 6-324 所示。

图 6-323　调整色相/饱和度参数

图 6-324　调整色相/饱和度参数效果

(16) 使用类似的方法添加其他位置的树木素材，添加效果如图 6-325 所示。

(17) 继续添加花草和树木素材，丰富场景，如图 6-326 所示。

图 6-325　添加树木效果

图 6-326　添加花草和树木效果

6.6.4 调整水面部分

水面效果不够理想，需要调整。水面的调整除了调用后期素材外，还可以使用原渲染图片作为素材，结合【滤镜】菜单中的部分命令，进行制作。

1. 调整泳池水面

(1) 选择【材质通道】图层，显示该图层，选择水面部分，如图 6-327 所示。

图 6-327　选择水面部分

(2) 隐藏【材质通道】图层，选择【背景副本】图层，复制水面部分。

(3) 按 Ctrl+U 键添加【色相/饱和度】命令，调整【色相/饱和度】参数，如图 6-328 所示，效果如图 6-329 所示。

图 6-328　调整【色相/饱和度】参数

图 6-329　调整效果

(4) 选择【魔棒工具】，设置【容差】为 1，取消勾选【连续】选项，选择如图 6-330 所示区域。

图 6-330　选择区域

(5) 按 Ctrl+U 键添加【色相/饱和度】命令，调整参数，如图 6-331 所示，效果如图 6-332 所示。

图 6-331　调整色相饱和度参数

图 6-332　调整色相/饱和度参数效果

(6) 选择【滤镜】|【扭曲】|【波纹】命令，设置【波纹】参数，如图 6-333 所示，按 Ctrl+D 键取消选择，效果如图 6-334 所示。

图 6-333　设置【波纹】参数

图 6-334　设置波纹效果

(7) 在素材库中找到如图 6-335 所示的素材，调整大小和形状，放到合适位置，如图 6-336 所示，按 Enter 键确认。

图 6-335　流水素材

图 6-336　调整流水素材

(8) 调整【不透明度】为 80%，如图 6-337 所示。

(9) 使用类似的方法调整其他地方的流水效果，如图 6-338 所示。

图 6-337　设置【不透明度】效果

图 6-338　调整流水效果

2. 调整池塘部分

(1) 在素材库中找到水石和水草素材，如图 6-339 和图 6-340 所示。

图 6-339　水石和水草素材 1　　　　　　　　　　图 6-340　水石和水草素材 2

(2) 把该素材添加到场景中并调整，效果如图 6-341 所示。

(3) 在素材库中找到鱼素材，把鱼素材添加到场景中，使用【套索工具】选取一部分鱼素材并复制，调整到合适位置，调整不透明度，如图 6-342 所示。

> 提　示：在添加水石和水草素材时，根据画面需要调整部分植物的位置，使效果更为逼真。

图 6-341　添加水石和水草效果　　　　　　　　　图 6-342　添加鱼素材

(4) 在池塘周围添加景观树等素材，效果如图 6-343 所示。

图 6-343　池塘周边效果

6.6.5 添加植物投影

观察场景，添加了植物素材后场景丰富很多，但由于有些树木缺少投影而立体感不足，需要为植物添加投影。下面以一组树为例，讲述投影的制作方法。

(1) 选择一组树木，按 Ctrl+J 键复制该树木所在图层，按 Ctrl+T 键添加【变换】命令，单击右键，在右键菜单中选择【扭曲】命令，调整形状，如图 6-344 所示，按 Enter 键确认。

图 6-344　调整形状

(2) 调整图层的次序，按 Ctrl+U 键添加【色相/饱和度】命令，调整参数，如图 6-345 所示，调整【不透明度】为 39%，效果如图 6-346 所示。

(3) 选择【滤镜】|【模糊】|【动感模糊】命令，设置参数，如图 6-347 所示，效果如图 6-348 所示。

(4) 使用同样的方法制作其他植物的投影效果，如图 6-349 所示。

提 示：在添加投影时，要根据画面需要添加投影，部分植物不用添加投影。

图 6-345　调整【色相/饱和度】参数

图 6-346　调整不透明度阴影效果

图 6-347　设置参数

图 6-348　设置模糊参数效果

图 6-349　添加投影效果

6.6.6 最终调整

　　添加了素材和投影后，整个场景效果基本满意，但仍有不足，为了达到更好的效果，需要进行最终调整。

1. 添加花架植物

　　(1) 在素材库中找到藤蔓素材，如图 6-350 所示，把该素材添加到场景中，调整大小和形状，放到合适位置，如图 6-351 所示，按 Enter 键确认。

图 6-350　藤蔓素材

图 6-351　变换形状

(2) 按 Ctrl+U 键添加【色相/饱和度】命令，调整参数，如图 6-352 所示，效果如图 6-353 所示。

图 6-352　调整【色相/饱和度】参数

图 6-353　调整效果

(3) 使用【橡皮擦工具】和【魔术橡皮擦工具】调整上方白色部分，调整效果如图 6-354 所示。

(4) 使用类似的方法继续丰富花架效果，如图 6-355 所示。

图 6-354　调整藤蔓效果

图 6-355　调整花架效果

提 示：在调整花架效果时，可以配合【色相/饱和度】命令和【色彩平衡】命令进行调整。

2. 添加灌木素材

(1) 在围墙附近添加灌木素材，在素材库中找到如图 6-356 所示的灌木素材，把该素材添加到场景中，调整大小和形状，放到合适位置，如图 6-357 所示。

(2) 显示并选择【材质通道】图层，选择花架部分，隐藏【材质通道】图层，选择灌木素材所在图层，如图 6-358 所示。

(3) 执行【选择】|【反向】命令，或按下 Ctrl+Shift+I 快捷键反选区域，单击█按钮，添加图层蒙版，如图 6-359 所示。

图 6-356　灌木素材

图 6-357　添加灌木素材

图 6-358　选择花架

图 6-359　添加图层蒙版效果

(4) 使用类似的方法添加其他地方的灌木效果，如图 6-360 所示。

图 6-360　添加灌木效果

3. 调整花坛和部分花草

通过对场景的观察，部分花坛需要调整，并继续添加花草素材，调整效果如图 6-361 所示。

图 6-361　调整花坛效果

4. 调整石阶等

石阶和草地之间衔接过于生硬，需要调整。

(1) 选择【背景副本】图层，选择图层蒙版缩览图，在前景色为黑色的前提下，使用【画笔工具】在石阶和草地之间涂抹，如图 6-362 所示。

(2) 使用类似的方法调整其他地方效果，如图 6-363 所示。

图 6-362　调整相接处　　　　　　图 6-363　调整相接处效果

5. 添加其他素材

根据自己对场景的理解，添加一些其他素材，例如石凳，如图 6-364 所示。

图 6-364　添加其他素材

6. 强化氛围

为了强化场景的日光氛围，使场景更美观，可以通过设置图层属性的方法强化场景的效果和氛围。

(1) 设置前景色，如图 6-365 所示，在场景的可视图层最上层新建图层，使用【画笔工具】在合适位置涂抹，如图 6-366 所示。

> 提　示：为了更好把握涂抹的效果，可以降低画笔的【不透明度】和【流量】参数。

图 6-365　设置前景色　　　　　　图 6-366　涂抹颜色

(2) 设置图层的颜色混合模式为【颜色减淡】，设置【填充】为 15%，如图 6-367 所示，效果如图 6-368 所示。

图 6-367　设置图层属性

图 6-368　设置图层属性效果

(3) 按 Ctrl+Shift+Alt+E 键合并可视图层，选择【滤镜】|【模糊】|【动感模糊】命令，设置参数，如图 6-369 所示，效果如图 6-370 所示。

图 6-369　设置模糊参数

图 6-370　设置模糊效果

(4) 设置图层的颜色混合模式为【柔光】，设置【填充】为 40%，如图 6-371 所示，效果如图 6-372 所示。

(5) 再次按 Ctrl+Shift+Alt+E 键合并可视图层，选择【滤镜】|【锐化】|【USM 锐化】命令，设置参数，如图 6-373 所示，效果如图 6-374 所示。

图 6-371　设置图层

图 6-372　设置图层后效果

图 6-373　设置锐化参数　　　　　　　　图 6-374　设置锐化效果

7. 确定构图

使用【裁剪工具】，裁剪画面，调整位置，确定构图，如图 6-375 所示，按 Enter
键确认。

图 6-375　裁剪构图

6.6.7 最终效果

本案例最终效果如图 6-376 所示。

图 6-376　最终效果

第7章

小区园林景观黄昏表现

　　本案例是讲述小区园林黄昏时候的表现。黄昏时候太阳光颜色丰富，在很多建筑效果图的表现中都选定黄昏作为表现时刻。本案例的最终效果如图 7-1 所示。

图 7-1　小区黄昏景观表现最终效果

7.1　创建摄影机

本案例是小区景观黄昏时候的表现，在摄影机的选择方面采用目标摄影机。

（1）打开配套资源中名称为【小区黄昏景观.max】的三维模型，如图 7-2 所示。

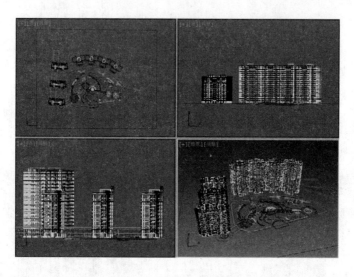

图 7-2　小区黄昏表现模型

（2）单击■按钮，进入摄影机创建面板。单击　　目标　　按钮，在顶视图拖动鼠标到合适位置，这样就创建了一架目标摄影机，如图 7-3 所示。

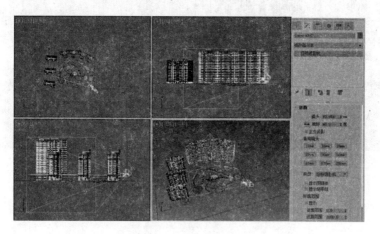

图 7-3　创建摄影机

（3）为了观察方便，把四视图调整为三视图，设置这三个视图分别为顶视图、前视图和摄影机视图。调整摄影机和目标点的高度和位置，打开摄影机视图的安全框显示，如图 7-4 所示。

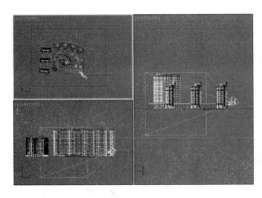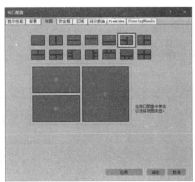

图 7-4　调整摄影机高度位置

(4) 选择摄影机，进入修改面板，设置【镜头】参数为 35，其他参数暂时采用默认即可，如图 7-5 所示。

(5) 打开【渲染场景】对话框，设置渲染测试的【输出大小】参数，如图 7-6 所示。

图 7-5　设置摄影机参数　　　　　　　图 7-6　设置【输出大小】参数

(6) 在渲染类型中选择【放大】，选择摄影机视图，单击 按钮，此时会在摄影机视图中出现一个虚线框，调整线框的大小和位置，再次渲染，效果如图 7-7 所示。

图 7-7　渲染摄影机视图

7.2 材质编辑

配合 VRay 渲染器，可以为模型赋予逼真的材质，包括反射、折射光泽，纹理的质感等。本节介绍为建筑、地面赋予材质的方法。

7.2.1 指定 VRay 渲染器

本案例要用到 VRay 渲染器，按快捷键 F10，在弹出的对话框中选择【公用】选项卡，打开【指定渲染器】卷展栏，单击 ﹃ 按钮，选择 VRay 渲染器，如图 7-8 所示。

图 7-8　指定 VRay 渲染器

本案例的场景较为复杂，需要把场景分为建筑和地面两个部分来制作。

7.2.2 编辑建筑部分材质

为了避免对摄影机的误操作，按 Shift+C 快捷键，暂时隐藏摄影机。

1. 墙面 1 材质

（1）选择顶视图并转换为透视视图，打开材质编辑器，选择一个材质球，使用吸管工具得到墙面 1 材质，如图 7-9 所示。

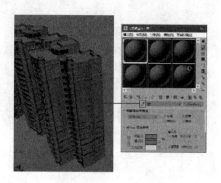

图 7-9　吸取材质球

(2) 编辑墙面 1 的材质，墙面 1 材质为墙漆材质，在【漫反射】颜色通道中添加一张墙面纹理位图，设置【高光级别】为 4，【光泽度】为 11，如图 7-10 所示。

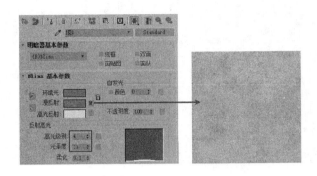

图 7-10　墙面 1 材质

(3) 单击 ⚬ 按钮，单击 选择 按钮，选择模型，如图 7-11 所示。

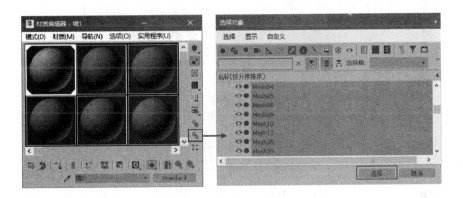

图 7-11　选择模型

(4) 在修改面板中添加【UVW 贴图】修改器，设置参数，如图 7-12 所示。

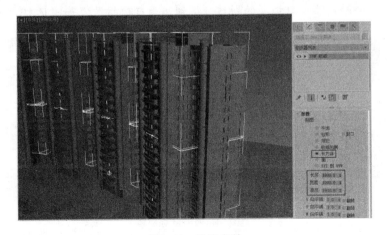

图 7-12　设置参数

（5）为了方便观察，单击■按钮，显示纹理，效果如图 **7-13** 所示。

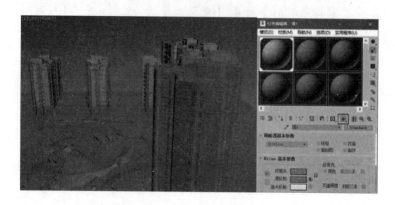

图 7-13　显示纹理

（6）为了避免遗漏材质，单击右键，在弹出的右键菜单中选择【隐藏当前选择】命令，隐藏当前模型，效果如图 **7-14** 所示。

图 7-14　隐藏当前模型

2. 阳台包边材质

（1）使用同样的方法吸取模型的材质，得到阳台包边材质，如图 **7-15** 所示。

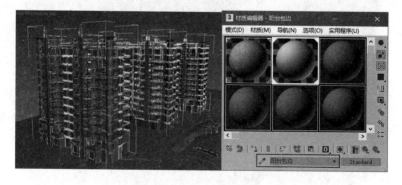

图 7-15　选择阳台包边材质

(2) 设置【漫反射】颜色为【红：】227、【绿：】227、【蓝：】227，设置【高光级别】为 4，【光泽度】为 9，如图 7-16 所示。

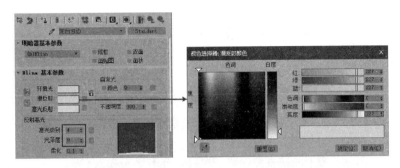

图 7-16　设置【漫反射】

(3) 隐藏此材质所对应模型。

3．窗框材质

(1) 使用同样的方法吸取模型的材质，得到窗框材质，如图 7-17 所示。

图 7-17　窗框材质

(2) 结合本案例的表现角度，把窗框材质简单编辑一下即可。设置【漫反射】颜色为【红：】73、【绿：】82、【蓝：】91，设置【高光级别】为 8，【光泽度】为 12，如图 7-18 所示。

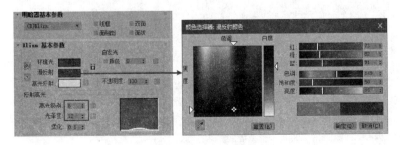

图 7-18　设置【漫反射】

（3）隐藏此材质所对应模型。

4．楼板材质

（1）使用同样的方法吸取模型，得到楼板材质。设置【高光级别】为 21，【光泽度】为 40，在【漫反射】颜色通道中添加平铺贴图并设置，打开【高级控制】卷展栏，设置【平铺设置】的【纹理】颜色为【红：】148、【绿：】151、【蓝：】152，设置【砖缝设置】的【水平间距】和【垂直间距】为 0.12，单击 按钮，显示纹理，如图 7-19 所示。

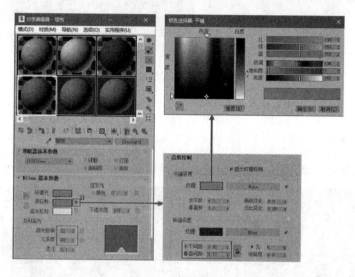

图 7-19　楼板材质

（2）选择此材质所对应模型，在修改面板中添加【UVW 贴图】修改器，设置参数，如图 7-20 所示。

（3）隐藏此材质所对应模型。

图 7-20　设置参数

5. 玻璃材质

(1) 使用吸管工具吸取到玻璃材质，勾选【双面】选项，设置【漫反射】颜色和【高光反射】颜色，设置【高光级别】为 88，【光泽度】为 36，设置【不透明度】为 56，单击 ◉ 按钮，显示背景，如图 7-21 所示。

(2) 隐藏此材质所对应模型。

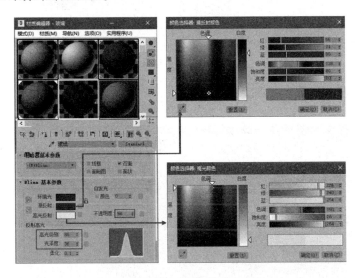

图 7-21　玻璃材质

6. 百叶材质

(1) 使用吸管工具吸取到百叶材质，如图 7-22 所示。

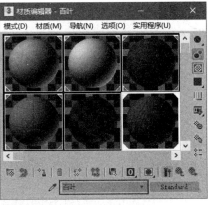

图 7-22　吸取百叶材质

(2) 在【漫反射】颜色通道中添加一张木纹位图，裁剪位图，设置【高光级别】为 30，【光泽度】为 40，单击 ◉ 按钮，显示纹理，如图 7-23 所示。

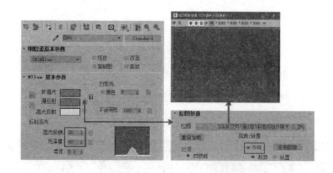

图 7-23　百叶材质

（3）选择此材质所对应模型并添加【UVW 贴图】修改器，设置参数，如图 7-24 所示。

图 7-24　设置参数

（4）隐藏此材质所对应模型。

7. 墙面 2 墙漆材质

（1）使用同样的方法吸取模型，得到墙面 2 材质，如图 7-25 所示。

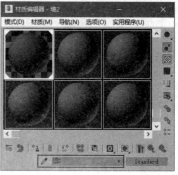

图 7-25　选择墙体 2 材质

(2) 设置【漫反射】颜色为【红：】148、【绿：】112,【蓝：】74,设置【高光级别】为 4,【光泽度】为 12,如图 7-26 所示。

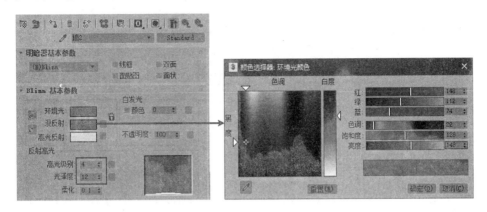

图 7-26　墙面 2 的材质球

(3) 隐藏此材质所对应模型。

8. 构件材质

(1) 使用同样的方法吸取模型,得到构件材质。设置【漫反射】颜色,设置【高光级别】为 30,设置【光泽度】为 40,如图 7-27 所示。

(2) 隐藏构件材质所对应全部模型。

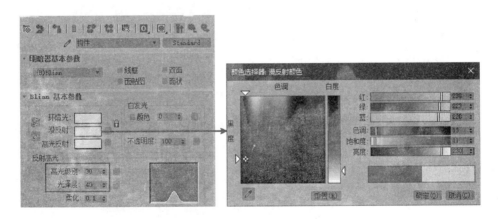

图 7-27　构件材质

9. 阴线材质

(1) 选择阴线模型,选择一个空白的材质球,设置【漫反射】颜色,设置【高光级别】和【光泽度】参数,如图 7-28 所示。

(2) 隐藏此材质所对应模型。

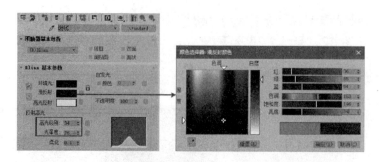

图 7-28　阴线材质

10.　阳台材质

（1）方法同上，得到阳台材质。设置【漫反射】颜色，设置【高光级别】和【光泽度】参数，如图 7-29 所示。

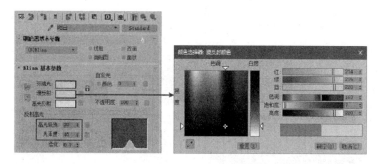

图 7-29　阳台材质

（2）隐藏此材质所对应模型。

11.　墙面 3 材质

（1）使用同样的方法吸取模型，得到墙面 3，墙面 3 材质为墙漆材质。设置【高光级别】为 10，【光泽度】为 15，在【漫反射】颜色通道中添加一张纹理位图，裁剪位图，单击■按钮，显示纹理，如图 7-30 所示。

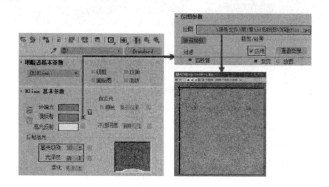

图 7-30　墙面 3 材质

(2) 选择此材质所对应模型并添加【UVW 贴图】修改器，设置参数，如图 7-31 所示。

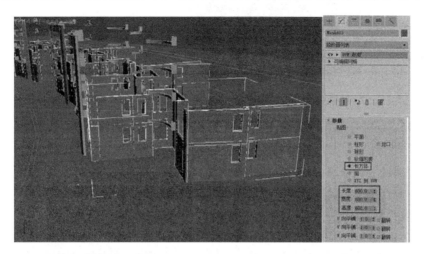

图 7-31　设置贴图坐标

(3) 隐藏此材质所对应模型。

至此，建筑模型的材质编辑完成，下面编辑地面部分模型的材质。

7.2.3 编辑地面部分材质

吸取地面部分模型材质的方法和吸取建筑部分模型材质的方法一致。

1. 地砖 2 材质

(1) 使用吸管工具吸取模型的材质，得到地砖 2 材质，如图 7-32 所示。

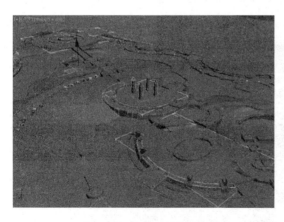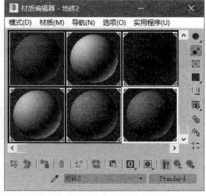

图 7-32　吸取地砖 2 材质

(2) 在【漫反射】颜色通道中添加一张地砖位图，设置【高光级别】为 30，【光泽度】为 16，如图 7-33 所示。

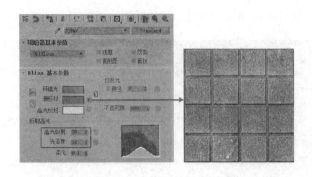

图 7-33　地砖 2 材质

（3）以【实例】的方式复制贴图至【凹凸】通道中，设置凹凸【数量】为 60，如图 7-34 所示。

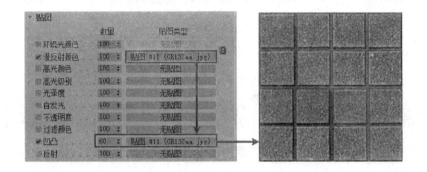

图 7-34　复制贴图

（4）选择地砖 2 材质所对应模型并添加【UVW 贴图】修改器，设置参数，单击█按钮，显示纹理，如图 7-35 所示。

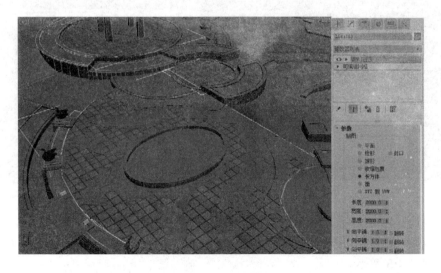

图 7-35　设置参数

(5) 隐藏此材质所对应模型。

2. 压边材质

(1) 使用同样的方法得到压边材质，如图 7-36 所示。

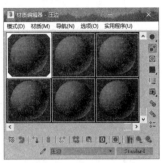

图 7-36　吸取压边材质

(2) 在【漫反射】颜色通道中添加一张位图，裁剪位图，单击■按钮，显示纹理，设置【高光级别】和【光泽度】参数，如图 7-37 所示。

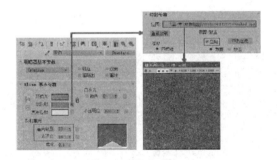

图 7-37　压边材质

(3) 选择压边材质所对应模型并添加【UVW 贴图】修改器，设置参数，如图 7-38 所示。

图 7-38　设置参数

（4）隐藏选择的模型。

3. 池边材质

（1）使用同样的方法得到池边材质，在【漫反射】颜色通道中添加一张位图，裁剪位图，设置【高光级别】和【光泽度】参数，单击■按钮，显示纹理，如图 7-39 所示。

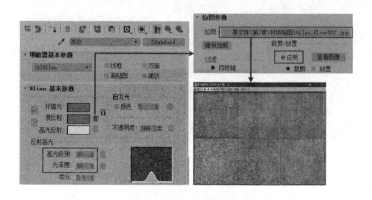

图 7-39　池边材质

（2）选择池边材质所对应模型，在修改面板中添加【UVW 贴图】修改器，设置参数，如图 7-40 所示。

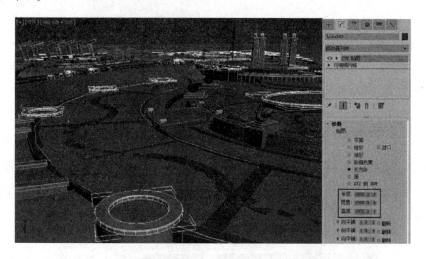

图 7-40　设置参数

（3）隐藏所选择的模型。

4. 草地材质

草地效果准备在后期中制作，这里简单设置一下即可。

（1）使用同样的方法得到草地材质，设置【漫反射】颜色，设置【高光级别】参数和【光泽度】参数，如图 7-41 所示。

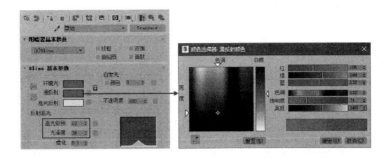

图 7-41　草地材质

(2) 选择此材质球所对应模型并隐藏。

5. 水材质

水材质的表现需要表达的效果有通透、反射、折射等。

(1) 使用同样的方法得到水材质,设置【漫反射】颜色和【高光反射】颜色,设置【高光级别】和【光泽度】参数,如图 **7-42** 所示。

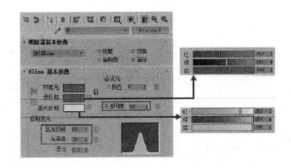

图 7-42　水材质

(2) 在【凹凸】通道中添加噪波贴图,设置噪波参数,设置凹凸【数量】为 4,单击▓按钮,显示背景,如图 **7-43** 所示。

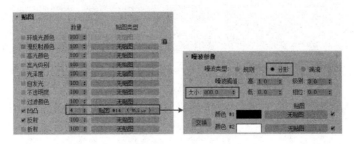

图 7-43　添加噪波贴图

(3) 选择此材质所对应模型并隐藏。

6. 木板路材质

(1) 使用同样的方法得到木板路材质，在此材质球的【漫反射】颜色通道中添加一张木纹位图，设置【高光级别】和【光泽度】参数，单击 ◉ 按钮，显示纹理，如图 7-44 所示。

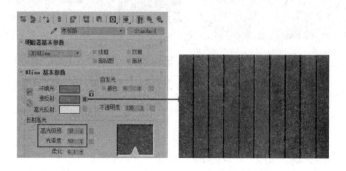

图 7-44　木板路材质

(2) 以【实例】的方式复制贴图至【凹凸】通道中，设置凹凸【数量】为 60，如图 7-45 所示。

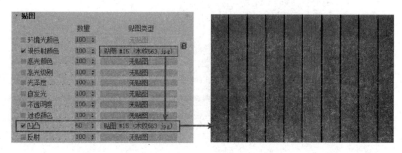

图 7-45　复制贴图

(3) 选择此材质所对应模型，添加【UVW 贴图】修改器，设置参数，如图 7-46 所示。

图 7-46　设置参数

(4) 选择其中一个模型，选择 Gizmo，旋转 Gizmo，调整木纹的纹理方向，调整效果如图 7-47 所示。

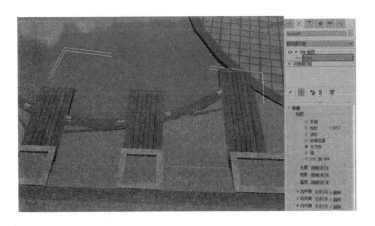

图 7-47　旋转 Gizmo

(5) 使用同样的方法调整其他地方的纹理。在调整其他地方的纹理方向时，要解除贴图坐标的关联属性，即在选择模型之后，选择【UVW 贴图】修改器，单击 按钮，解除关联，再进行旋转 Gizmo，否则会改变已经调整好的纹理方向，如图 7-48 所示为其中一处的效果。

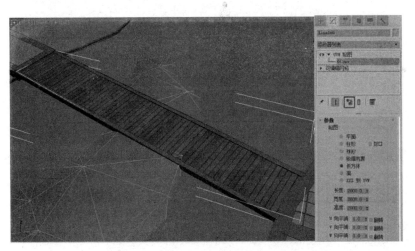

图 7-48　解除关联并旋转 Gizmo 效果

(6) 隐藏此材质所对应全部模型。

7. 地砖 7 材质

(1) 使用同样的方法得到地砖 7 材质，在此材质球的【漫反射】颜色通道中添加一张地砖位图，设置【高光级别】和【光泽度】参数，单击 按钮，显示纹理，如图 7-49 所示。

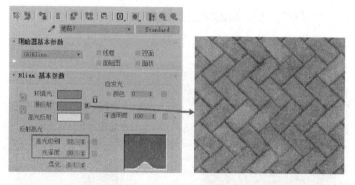

图 7-49　地砖 7 材质

(2) 以【实例】的方式复制贴图至【凹凸】通道中，设置凹凸【数量】为 60，如图 7-50 所示。

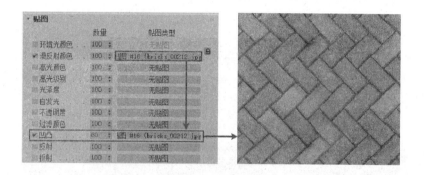

图 7-50　复制贴图

(3) 选择此材质所对应模型，添加【UVW 贴图】修改器，设置参数，如图 7-51 所示。

(4) 隐藏所选择的模型。

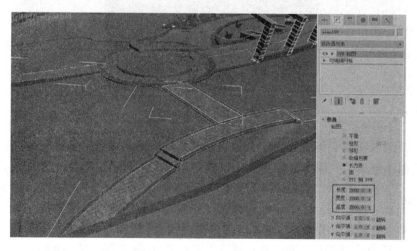

图 7-51　设置参数

8. 大理石池沿材质

(1) 使用同样的方法得到大理石池沿材质，在【漫反射】颜色通道中添加一张位图，设置【高光级别】和【光泽度】参数，单击 ▣ 按钮，显示纹理，如图 7-52 所示。

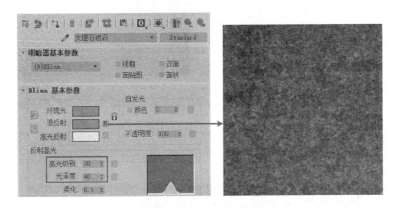

图 7-52 大理石池沿材质

(2) 选择大理石池沿材质所对应模型并添加【UVW 贴图】修改器，设置参数，如图 7-53 所示。

(3) 隐藏所选择的模型。

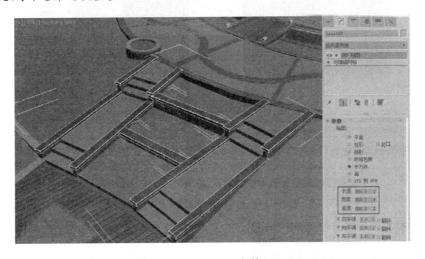

图 7-53 设置参数

9. 花池材质

(1) 使用同样的方法得到花池材质，在此材质球的【漫反射】颜色通道中添加一张位图，裁剪位图，设置【高光级别】和【光泽度】参数，单击 ▣ 按钮，显示纹理，如图 7-54 所示。

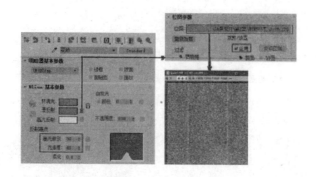

图 7-54　花池材质

（2）选择此材质所对应模型，添加【UVW 贴图】修改器，设置参数，如图 7-55 所示。

（3）隐藏所选择的模型。

图 7-55　设置参数

10．金属椅子材质

（1）使用吸管工具吸取到金属椅子材质，金属材质的制作简单编辑即可，这主要是因为金属材质对场景的整体效果影响不大，如果编辑的太细致，工作效率会大大降低。

（2）设置【漫反射】颜色，设置【高光级别】和【光泽度】参数，如图 7-56 所示。

图 7-56　金属椅子材质

(3) 隐藏此材质所对应模型。

11. 地砖6材质

(1) 使用同样的方法得到地砖6材质，在此材质球的【漫反射】颜色通道中添加一张地砖位图，设置【高光级别】和【光泽度】参数，单击 ⊙ 按钮，显示纹理，如图7-57所示。

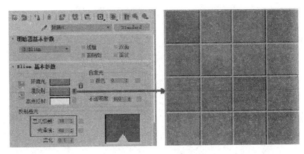

图 7-57　地砖6材质

(2) 以【实例】的方式复制贴图至【凹凸】通道中，设置凹凸【数量】为60，如图7-58所示。

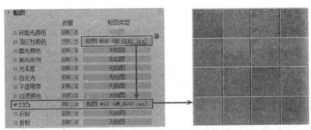

图 7-58　复制贴图

(3) 选择此材质所对应模型，添加【UVW贴图】修改器，设置参数，如图7-59所示。

图 7-59　设置参数

（4）隐藏所选择的模型。

12. 地砖 5 材质

（1）使用同样的方法得到地砖 5 材质，在此材质球的【漫反射】颜色通道中添加一张位图，设置【高光级别】和【光泽度】参数，单击 按钮，显示纹理，如图 7-60 所示。

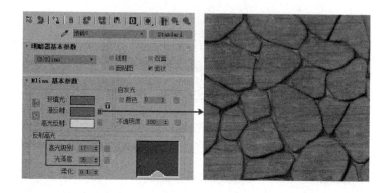

图 7-60　地砖 5 材质

（2）选择此材质所对应模型，添加【UVW 贴图】修改器，设置参数，如图 7-61 所示。
（3）隐藏所选择的模型。

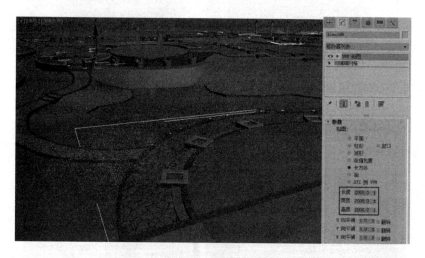

图 7-61　设置参数

13. 小品柱子材质

（1）使用同样的方法得到小品柱子材质，在此材质球的【漫反射】颜色通道中添加一张位图，裁剪位图，设置【高光级别】为 30，【光泽度】为 40，单击 按钮，显示纹理，如图 7-62 所示。

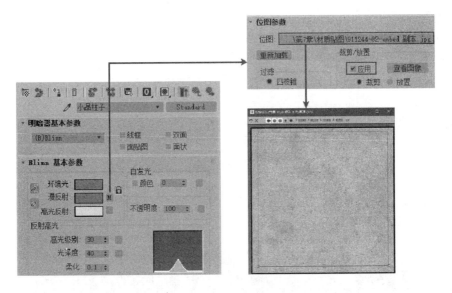

图 7-62　小品柱子材质

(2) 为该材质所对应模型添加【UVW 贴图】修改器，设置参数，如图 7-63 所示。

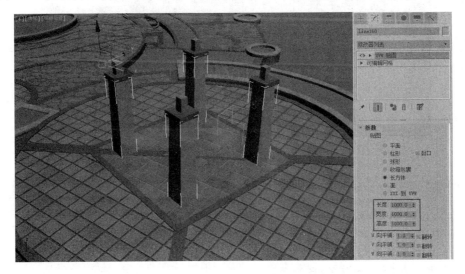

图 7-63　设置参数

(3) 隐藏所选择的模型。

14．雕塑材质

(1) 使用同样的方法得到雕塑材质，此材质为大理石材质，在此材质球的【漫反射】颜色通道中添加一张大理石位图，裁剪位图，设置【高光级别】为 30，设置【光泽度】为 40，单击 ■ 按钮，显示纹理，如图 7-64 所示。

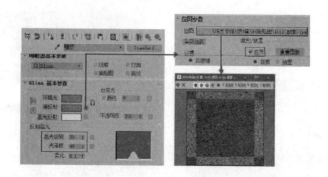

图 7-64　雕塑材质

（2）选择此材质所对应模型，添加【UVW 贴图】修改器，设置参数，如图 7-65 所示。

图 7-65　设置参数

（3）隐藏所选择的模型。

15. 路灯金属材质

（1）使用同样的方法得到路灯金属材质，设置【漫反射】颜色，设置【高光级别】为 64，【光泽度】为 35，如图 7-66 所示。

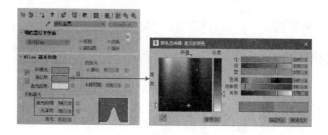

图 7-66　路灯金属材质

(2) 隐藏此材质所对应的模型。

16. 路灯材质

(1) 使用同样的方法得到路灯材质，设置【漫反射】颜色，设置【高光级别】为 30，设置【光泽度】为 40，设置【自发光】为 45，如图 7-67 所示。

(2) 隐藏此材质所对应的模型。

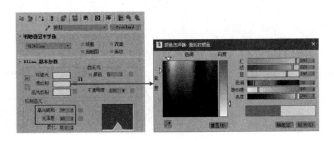

图 7-67　路灯材质

17. 雕花材质

(1) 使用同样的方法得到雕花材质，在此材质球的【漫反射】颜色通道中添加一张浮雕位图，裁剪位图，设置【高光级别】和【光泽度】参数，单击■按钮，显示纹理，如图 7-68 所示。

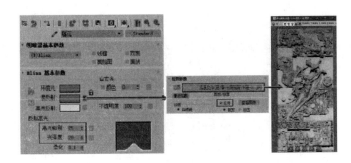

图 7-68　雕花材质

(2) 以【实例】的方式复制贴图到【凹凸】通道中，设置凹凸【数量】为 80，如图 7-69 所示。

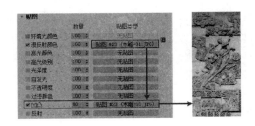

图 7-69　复制贴图

（3）选择此材质所对应模型，添加【UVW 贴图】修改器，设置参数，如图 **7-70** 所示。

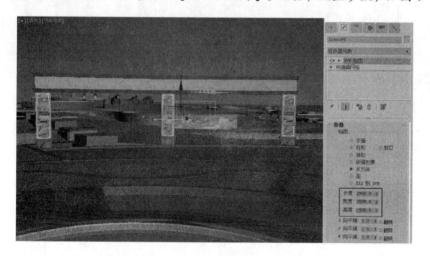

图 7-70 设置参数

（4）隐藏所选择的模型。

18．停车场材质

（1）使用同样的方法得到停车场材质，在此材质球的【漫反射】颜色通道中添加一张地砖位图，单击█按钮，显示纹理，设置【高光级别】为 30，【光泽度】为 40，如图 **7-71** 所示。

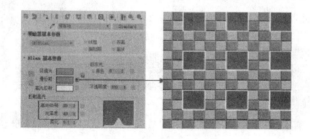

图 7-71 停车场材质

（2）以【实例】的方式复制贴图至【凹凸】通道中，设置凹凸【数量】为 60，如图 **7-72** 所示。

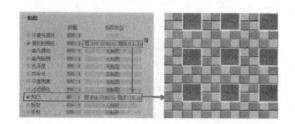

图 7-72 复制贴图

（3）选择此材质所对应模型，添加【UVW 贴图】修改器，设置参数，如图 7-73 所示。

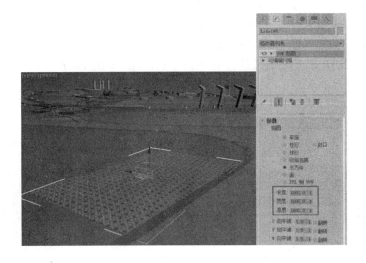

图 7-73　设置参数

7.2.4 检查场景情况

显示所有模型。渲染场景的不同角度，查看材质编辑情况，如图 7-74 和图 7-75 所示。

图 7-74　渲染透视视图效果

图 7-75　渲染摄影机视图效果

至此，场景的材质编辑完毕，其他没有讲解的材质读者可以参考资源中提供的源文件来进行学习。

7.3　渲染测试和灯光设置

7.3.1 渲染测试的设置

结合本案例的情况，渲染测试参数设置应尽量降低。

（1）打开【渲染设置】对话框，选择【VRay】选项卡，进行渲染测试的设置。

（2）打开【全局控制】卷展栏，取消勾选【隐藏灯光】选项，在【默认灯光】中选择【关闭 GI】，勾选【覆盖深度】选项，如图 7-76 所示。

（3）打开【图像采样器（抗锯齿）】卷展栏，设置【图像采样器】的【类型】为【块】，打开【图像过滤器】，设置【图像过滤器】为【区域】，如图 7-77 所示。

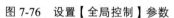

图 7-76　设置【全局控制】参数

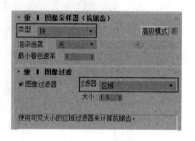

图 7-77　设置图像采样器（抗锯齿）参数

（4）打开【全局照明 GI】卷展栏，勾选【启用 GI（全局照明）】前面的复选框，如图 7-78 所示。

（5）打开【发光贴图】卷展栏，设置【发光贴图】参数，勾选【显示直接光】选项，如图 7-79 所示。

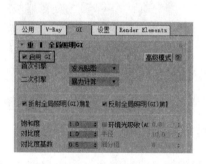

图 7-78　全局照明

图 7-79　设置【发光贴图】参数

（6）为了使场景有光线，需要把环境光打开，打开【环境】卷展栏，打开全局照明环境，如图 7-80 所示。

（7）打开【全局品控】卷展栏，设置【自适应数量】为 0.95，如图 7-81 所示。

（8）选择摄影机视图，渲染场景如图 7-82 所示。

（9）由于设置的参数过低，导致场景中有很多黑斑，这将影响到对场景渲染结果的判断，需要调高渲染参数，如图 7-83 所示。

（10）渲染摄影机视图，效果如图 7-84 所示。

图 7-80　设置环境光

图 7-81　设置全局品控参数

图 7-82　渲染测试场景效果

图 7-83　调高渲染参数

图 7-84　提高参数后渲染摄影机视图效果

7.3.2 球天的设置

为了给玻璃一个更好的反射环境，可以为场景制作球天。球天是 3ds max 效果图中的一个专用名词，指的是创建一个球来模拟天空，以方便得到真实的反射和渲染效果，软件界面上是没有的，其他图书也是这样称呼的。

（1）在顶视图中创建一个球体，转换为可编辑多边形，调整球体的形状，如图 7-85 所示。

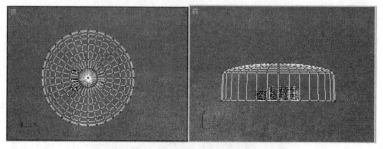

图 7-85　调整球天模型的形状

（2）选择并重置一个材质球，在其【漫反射】颜色通道中添加一张天空位图，【实例】复制贴图到【自发光】通道中，把该材质球赋予球天模型，如图 7-86 所示。

图 7-86　球天材质

（3）为球天添加【法线】修改器，添加【UVW 贴图】修改器，设置贴图方式为【柱形】，如图 7-87 所示。

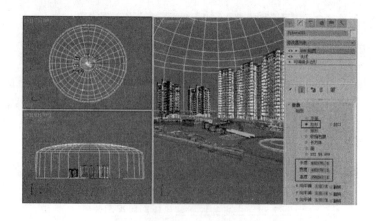

图 7-87　设置贴图坐标

(4) 单击右键, 在右键菜单中选择【对象属性】命令, 设置球天模型的属性, 如图 7-88 和图 7-89 所示。

图 7-88　右键菜单

图 7-89　设置对象属性

7.3.3 主光源的设置

本案例是小区黄昏时候的表现, 本案例中的主光源用目标聚光灯来模拟。

(1) 在灯光面板中单击 目标聚光灯 按钮, 在顶视图中合适位置单击, 并拖动至建筑位置, 为场景创建一盏目标聚光灯来模拟主光源, 在前视图中调整目标聚光灯和目标点的高度, 如图 7-90 所示。

图 7-90　创建主光源并调整主光源高度

(2) 进入修改面板, 勾选【启用】阴影选项, 在阴影下拉菜单中选择【VRayShadow (阴影)】, 设置灯光颜色参数, 设置【聚光区/光束】为 4, 设置【衰减区/区域】为 45, 如图 7-91 所示。

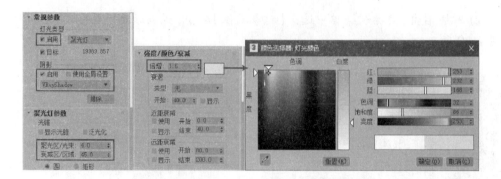

图 7-91　设置灯光颜色参数

（3）渲染摄影机视图，渲染结果如图 **7-92** 所示。

（4）场景的日光黄昏的感觉不足，需要调整，修改参数如图 **7-93** 和图 **7-94** 所示。

图 7-92　渲染摄影机视图　　　　　　　　图 7-93　调整首次引擎倍增器参数

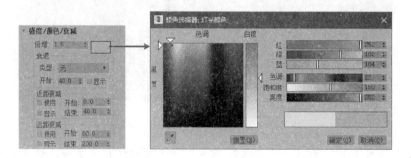

图 7-94　调整灯光参数

（5）再次渲染摄影机视图，效果如图 **7-95** 所示。

图 7-95　调整效果

7.3.4 渲染小图

场景的大体效果已经制作出来，渲染一张精度略高的小图查看场景情况。

(1) 打开【渲染设置】对话框，打开【VRay】选项卡，打开【图像采样器（抗锯齿）】卷展栏，设置【图像采样器】的【类型】为【块】，设置【图像过滤器】为 Mitchell-Netravali，如图 7-96 所示。

(2) 打开【发光贴图】卷展栏，设置参数，如图 7-97 所示。

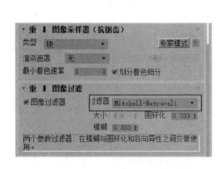

图 7-96　设置【图像采样器（抗锯齿）】参数　　　　图 7-97　设置【发光贴图】参数

(3) 打开【全局品控】卷展栏，进行参数设置，如图 7-98 所示。

(4) 打开【公用】选项卡，设置【输出大小】参数，如图 7-99 所示。

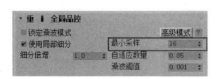

图 7-98　设置【全局品控】参数　　　　图 7-99　设置【输出大小】参数

（5）渲染摄影机视图，渲染效果如图 7-100 所示。

图 7-100　渲染效果

7.4　渲染输出

在渲染输出时，为了节约时间，可以采用先渲染一张小图并保存光子，然后调用保存的光子渲染出最终大图的方法。

（1）打开【渲染设置】对话框，打开【VRay】选项卡，设置渲染光子参数。

（2）打开【全局控制】卷展栏，勾选【不渲染最终的图像】选项，取消勾选【隐藏灯光】选项，在【默认灯光】中选择【关闭 GI】，如图 7-101 所示。

（3）打开【图像采样器（抗锯齿）】卷展栏，设置【图像采样器】的【类型】为【块】，关闭【图像过滤器】，如图 7-102 所示。

图 7-101　设置参数

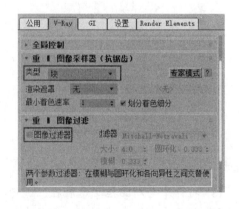

图 7-102　设置【图像采样器（抗锯齿）】参数

为了给后期调整留有余地，可以把图像的亮度降低。

（4）选择【GI】卷展栏，打开【全局照明 GI】卷展栏，设置【首次引擎】、【二次引擎】的【倍增】值。选择【V-Ray】选项卡，打开【颜色映射】卷展栏，设置【类型】为【线性倍增】，设置【暗部倍增】为 0.9，如图 7-103 所示。

（5）打开【发光贴图】卷展栏，设置参数，如图 7-104 所示。

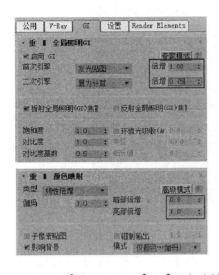

图 7-103　设置【全局照明 GI】和【颜色映射】参数　　　图 7-104　设置发光贴图参数

（6）打开【暴力计算】卷展栏，设置【细分值】参数，如图 7-105 所示。

（7）打开【环境】卷展栏，勾选【开】选项，如图 7-106 所示。

图 7-105　设置【细分值】　　　　　　　　　图 7-106　打开【环境】卷展栏

（8）打开【全局品控】卷展栏，设置参数，如图 7-107 所示。

（9）打开【公用】选项卡，设置【输出大小】参数，如图 7-108 所示。

图 7-107　设置全局品控参数　　　　　　　图 7-108　设置【输出大小】参数

（10）渲染摄影机视图，渲染效果如图 7-109 所示。

图 7-109　渲染摄影机视图

（11）调用保存的光子渲染出最终大图。打开【全局控制】卷展栏，取消勾选【不渲染最终的图像】选项。打开【图像采样器（抗锯齿）】卷展栏，设置【图像采样器】的【类型】为【块】，勾选【图像过滤器】选项，设置【图像过滤器】为 Mitchell-Netravali，如图 7-110 和图 7-111 所示。

图 7-110　设置【全局控制】参数

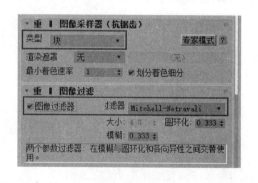

图 7-111　设置【图像采样器（抗锯齿）】参数

（12）由于在渲染光子时勾选了【切换到保存的贴图】选项，所以，在光子渲染结束后，系统会自动调用光子，如图 7-112 所示。

图 7-112　自动调用光子

(13) 设置输出路径和【输出大小】参数，如图 7-113 所示。

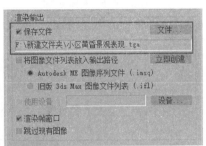

图 7-113　设置输出路径和【输出大小】参数

(14) 渲染摄影机视图，渲染结果如图 7-114 所示。

图 7-114　渲染效果

通过对渲染效果的观察，发现渲染的整体效果比较满意，不足的地方可以在后期中弥补。

(15) 输出材质通道和对象 ID 通道，保存为 TGA 格式，具体方法前面章节已经讲过，这里不再详述，渲染效果如图 7-115 和图 7-116 所示。

图 7-115　材质通道　　　　　　　　　　　　图 7-116　对象 ID 通道

（16）在输出阴影通道时，把场景中的模型使用【无光/投影】材质方式，渲染出阴影通道，由于 VRay 渲染器和【无光/投影】材质不兼容，需要将渲染器设置为【默认扫描线渲染器】。为了保证阴影的清晰效果，设置灯光的阴影方式为【光线跟踪阴影】，设置【抗锯齿过滤器】为 Mitchell-Netravali，隐藏球天模型，设置如图 7-117～图 7-119 所示。

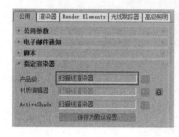

图 7-117　指定渲染器　　　　图 7-118　设置灯光阴影　　　　图 7-119　设置抗锯齿过滤器

（17）渲染摄影机视图，渲染效果如图 7-120 所示。

图 7-120　阴影通道

7.5　后期制作

本案例后期制作重点是学习如何调整弥补渲染输出图片的不足之处，在实际工作中，会经常遇到在渲染输出后发现图片有不足，如果重新渲染，将会花费很多时间，为了避免这类事情发生，除了在输出之前要仔细检查场景外，没有检查到的错误和不足之处可以在后期中弥补。

7.5.1　打开图片

启动 Photoshop 应用程序，打开渲染输出的最终大图和通道图片，把三个通道图片拖动到渲染图片中并对齐，复制【背景】图层，调整图层的次序，把三个通道图层分别命名，分别单击【背景】图层和三个通道图层的 图标，隐藏【背景】图层和三个通道图层，如

图 7-121 所示。

图 7-121　打开渲染图像

7.5.2 初步调整整体

在添加植物素材之前，对场景进行初步调整，确定场景的大体氛围，以便调整添加的植物素材，并弥补场景渲染输出时的错误。

1. 添加天空背景

(1) 选择【背景副本】图层，进入通道面板，按住 Ctrl 键并单击 Alpha 1 通道，如图 7-122 所示，按 Ctrl+Shift+I 键反选区域。

(2) 返回图层面板，按 Delete 键删除，按 Ctrl+D 键取消选择，如图 7-123 所示。

图 7-122　选择区域

图 7-123　删除背景

(3) 在素材库中找到一张天空素材，如图 7-124 所示，把该素材添加到场景中，调整图层的次序，按 Ctrl+T 键添加【变换】命令，调整大小，如图 7-125 所示。

图 7-124　天空素材

图 7-125　调整天空的大小和位置

（4）按 Ctrl+U 键添加【色相/饱和度】命令，调整参数，如图 7-126 所示，调整效果如图 7-127 所示。

图 7-126　调整【色相/饱和度】参数

图 7-127　调整色相/饱和度参数效果

2.　建筑和地面部分调整

（1）按 Ctrl+B 键添加【色彩平衡】命令，调整【色彩平衡】参数，如图 7-128 所示，调整效果如图 7-129 所示。

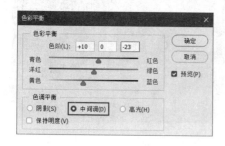

图 7-128　调整【色彩平衡】参数

图 7-129　调整色彩平衡参数效果

(2) 按 Ctrl+U 键添加【色相/饱和度】命令，调整参数，如图 7-130 所示，调整效果如图 7-131 所示。

图 7-130　调整【色相/饱和度】参数　　　　图 7-131　调整色相/饱和度参数效果

3. 玻璃调整

(1) 复制天空背景所在图层，调整复制的图层在【背景副本】图层的上一层，选择复制的图层，按 Ctrl+J 键再次复制图层，按 Ctrl+T 键添加【变换】命令，调整大小和位置，合并这两个图层，如图 7-132 所示。

(2) 显示【材质通道】图层，选择该图层，选择【魔棒工具】，设置【容差】为 8，取消勾选【连续】选项，选择该图层的玻璃部分，如图 7-133 所示。

图 7-132　调整复制的图层　　　　　　图 7-133　选择玻璃部分

(3) 隐藏【材质通道】图层，选择刚才合并的图层，单击█按钮，添加图层蒙版，设置【填充】为 16%，如图 7-134 所示，效果如图 7-135 所示。

4. 添加草地素材

(1) 显示【材质通道】图层，选择该图层，选择【魔棒工具】，设置【容差】为 2，选择草地部分，如图 7-136 所示。

图 7-134　添加图层蒙版

图 7-135　添加图层蒙版效果

（2）隐藏【材质通道】图层，选择【背景副本】图层，按 Delete 键删除，按 Ctrl+D 键取消选择，如图 7-137 所示。

图 7-136　选择草地部分

图 7-137　删除草地部分

（3）在素材库中找到草地素材，如图 7-138 所示，把该素材添加到场景中，调整图层的次序，调整大小位置，如图 7-139 所示。

图 7-138　草地素材

图 7-139　添加草地素材

(4) 按 Ctrl+U 键添加【色相/饱和度】命令，调整【色相/饱和度】参数，如图 7-140 所示，效果如图 7-141 所示。

图 7-140　调整色相/饱和度参数　　　　　图 7-141　调整色相/饱和度参数效果

(5) 复制草地图层，调整形状和大小，如图 7-142 所示。

(6) 使用【加深工具】和【减淡工具】调整亮度，使草地的起伏感更强烈，调整效果如图 7-143 所示。

图 7-142　调整形状　　　　　　　　　图 7-143　调整效果

(7) 使用类似的方法调整其他地方的草地效果，调整效果如图 7-144 所示。

图 7-144　调整草地效果

5. 阴影调整

由于新添加的草地素材缺少阴影，需要为场景中的草地添加阴影。

（1）选择【阴影通道】图层，选择【魔棒工具】，设置【容差】为 8，使用【魔棒工具】选择红色区域，选择【选择】|【修改】|【扩展】命令，设置【扩展量】为 1 像素，如图 7-145 所示。

（2）隐藏【阴影通道】图层，选择【背景副本】图层，新建图层，填充黑色，如图 7-146 所示。

图 7-145　选择阴影区域　　　　　　图 7-146　填充黑色

（3）选择原渲染图片的草地区域，按 Ctrl+Shift+I 键反选区域，按 Delete 键删除，设置图层的【填充】为 55%，如图 7-147 所示。

图 7-147　调整阴影效果

6. 水面调整

（1）在素材库中找到水面素材，如图 7-148 所示，把该素材添加到场景中，删除多余部分，调整大小和形状并复制，放到合适位置，如图 7-149 所示。

图 7-148　水面素材

图 7-149　复制水面素材

（2）显示【材质通道】图层，选择水面部分，如图 7-150 所示。

（3）按 Ctrl+Shift+I 键反选区域，分别删除水面素材多余部分，使用【橡皮擦工具】并结合【仿制图章工具】调整相接边缘，使其相互融合，合并水面素材所在图层，调整【不透明度】参数，效果如图 7-151 所示。

图 7-150　选择水面部分

图 7-151　添加水面素材

> 提　示：在调整边缘时，如果是大面积调整，也可使用【套索工具】选择一部分区域，复制并粘贴到场景中，再使用【橡皮擦工具】调整边缘。此处调整【不透明度】参数是为了显示出原水面部分的反射效果，具体参数可以根据自己对场景的感觉自行决定。此时调整的水面效果不是最终效果，只是为了方便观察将要添加到场景中素材的效果而调整。

（4）按 Ctrl+Shift+Alt+E 键合并可视图层，按 Ctrl+T 键添加【变换】命令，单击右键，在右键菜单中选择【垂直翻转】命令，调整位置，如图 7-152 所示。

（5）按 Ctrl 键并单击水面素材所在图层的缩览图，选择水面区域，如图 7-153 所示。

（6）单击 按钮，添加图层蒙版，设置【不透明度】为 35%，如图 7-154 所示，效果如图 7-155 所示。

图 7-152　垂直翻转效果

图 7-153　选择水面区域

图 7-154　添加图层蒙版

图 7-155　添加图层蒙版效果

（7）选择【滤镜】|【扭曲】|【波纹】命令，设置参数，如图 7-156 所示，效果如图 7-157 所示。

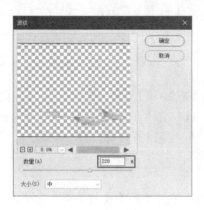

图 7-156　设置参数

图 7-157　调整水面效果

7．木桥调整

观察场景，发现木桥栏杆需要调整。

（1）使用【多边形套索工具】选择一部分木板路区域，如图 7-158 所示，复制并粘贴到场景中，放到合适位置，合并复制的图层，如图 7-159 所示。

图 7-158　选择区域

图 7-159　复制木板路素材

（2）选择【背景副本】图层，选择如图 7-160 所示区域。

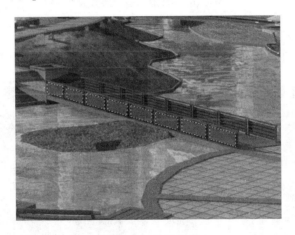

图 7-160　选择区域

（3）单击合并的图层，单击■按钮，添加图层蒙版，设置【填充】为 36%，如图 7-161 所示，效果如图 7-162 所示。

图 7-161　添加图层蒙版

图 7-162　添加图层蒙版效果 1

（4）使用同样的方法调整另一部分的效果，如图 7-163 所示。

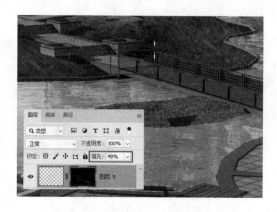

图 7-163　添加图层蒙版效果 2

（5）选择刚才选择的区域，设置前景色，如图 7-164 所示，新建图层，填充前景色，调整图层的次序，效果如图 7-165 所示。

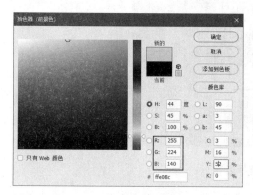

图 7-164　设置前景色

图 7-165　填充前景色

（6）选择如图 7-166 所示区域，新建图层并填充前景色。

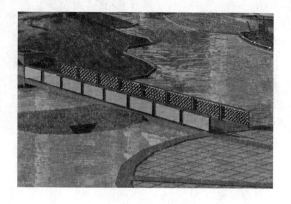

图 7-166　选择区域

(7) 按 Ctrl+Shift+Alt+E 键，合并可视图层，设置图层的【不透明度】为 35%，移动该图层，单击 ■ 按钮，添加图层蒙版，如图 7-167 所示，效果如图 7-168 所示。

图 7-167　添加图层蒙版　　　　　　　　图 7-168　添加图层蒙版效果

通过对桥调整效果的观察，一边的栏杆不完善，需要再次调整。

(8) 使用【多边形套索工具】创建选区并填充黑色，设置【填充】为 17%，复制图层并放到合适位置，效果如图 7-169 所示。

图 7-169　调整桥效果

8. 太阳伞和椅子调整

为了使太阳伞和场景更协调，需要调整太阳伞。

(1) 选择太阳伞所在区域，按 Ctrl+U 键添加【色相/饱和度】命令，调整参数，如图 7-170 所示，效果如图 7-171 所示。

图 7-170　调整【色相/饱和度】参数

图 7-171　调整色相/饱和度参数效果

椅子的颜色和场景不协调，也需要调整。

（2）在素材库中找到椅子素材，如图 7-172 所示，把该素材添加到场景中，调整大小和位置，选择椅子所在区域，单击■按钮，添加图层蒙版，效果如图 7-173 所示。

图 7-172　椅子素材

图 7-173　调整椅子效果

9. 调整地砖

由于在渲染输出时，地砖部分的错误没有被发现，需要调整。

（1）显示【材质通道】图层，选择【材质通道】图层，选择如图 7-174 所示区域。

（2）隐藏【材质通道】图层，进入路径面板，单击按钮，把选区转换为路径，如图 7-175 所示。

图 7-174　选择区域

图 7-175　选区转换为路径

(3) 使用【转换点工具】调整路径的形状, 调整效果如图 **7-176** 所示。

(4) 选择路径, 在路径面板中单击 ✥ 按钮, 把路径转换为选区, 如图 **7-177** 所示, 选择【背景副本】图层, 复制选择的区域并粘贴到场景中。

图 7-176　调整路径

图 7-177　把路径转换为选区

(5) 再次选择【背景副本】图层, 使用【套索工具】选择如图 **7-178** 所示区域, 复制并粘贴到场景中, 合并复制的图层, 调整图层的次序, 如图 **7-179** 所示。

图 7-178　选择区域

图 7-179　合并复制图层

(6) 进入路径面板, 按 Ctrl 键并单击【工作路径】, 创建选区, 选择【选择】|【修改】|【扩展】命令, 设置【扩展量】为 15 像素, 如图 **7-180** 所示。

(7) 把选区转换为路径, 调整路径形状, 再把路径转换为选区, 调整选区效果如图 **7-181** 所示。

图 7-180　扩展选区

图 7-181　调整选区效果

（8）按 Ctrl+Shift+I 键反选区域，按 Delete 键删除，效果如图 7-182 所示。

（9）使用类似的方法调整地砖阴影部分的效果，调整效果如图 7-183 所示。

图 7-182　删除多余区域效果　　　　　　　　图 7-183　调整地砖效果

提　示：在调整阴影效果时可以结合【图层样式】制作。

（10）初步调整场景效果如图 7-184 所示。

图 7-184　初步调整场景效果

7.5.3 添加植物素材

添加植物素材的方法仍然采用先添加远景，再添加中景，最后添加近景的方法。

1. 添加远景植物

（1）在素材库中找到远景植物素材，如图 7-185 所示，把该素材添加到场景中，调整大小并放到合适位置，调整图层的次序，效果如图 7-186 所示。

图 7-185 植物素材 1

图 7-186 添加远景植物效果 1

(2) 在素材库中找到植物素材，如图 7-187 所示，把该素材添加到场景中，按 Ctrl+T 键添加【变换】命令，单击右键，选择【水平翻转】命令，调整大小并放到合适位置，复制该素材，放到合适位置，效果如图 7-188 所示。

图 7-187 植物素材 2

图 7-188 添加远景植物效果 2

(3) 在素材库中找到灌木和花草素材，把素材添加到场景中，并调整大小，放到合适位置，调整图层次序，调整场景效果如图 7-189 所示。

(4) 继续添加树木素材，在素材库中找到树木素材，如图 7-190 所示，把该素材添加到场景中，调整大小并放到合适位置。

图 7-189 添加灌木和花草效果

图 7-190 树木素材

（5）显示【对象通道】图层，选择【对象通道】图层，选择如图 7-191 所示区域。

（6）隐藏【对象通道】图层，选择树木图层，按 Ctrl+Shift+I 键反选区域，单击 回 按钮，添加图层蒙版，如图 7-192 所示。

图 7-191　选择区域

图 7-192　添加图层蒙版

（7）按 Ctrl+U 键添加【色相/饱和度】命令，调整参数，如图 7-193 所示，效果如图 7-194 所示。

图 7-193　调整【色相/饱和度】参数

图 7-194　调整色相/饱和度参数效果

（8）继续添加远景树木素材，添加效果如图 7-195 所示。

2. 添加中景和近景植物

使用和添加远景素材类似的方法添加中景和近景植物素材，具体方法前面已经讲述，这里不再赘述，添加效果如图 7-196 和图 7-197 所示。

图 7-195　添加远景植物效果

图 7-196　添加中景素材效果

图 7-197　添加近景素材效果

　　提 示： 为了使添加的植物素材有所变化，可以调整树木素材的【色相/饱和度】参数，同时可以调整素材的【明度】，使场景植物更有层次感。相接生硬处可以使用【橡皮擦工具】和【仿制图章工具】进行调整。

7.5.4 添加人物素材

　　在素材库中找到人物素材，添加到场景中，添加人物的方法和添加植物素材的方法一致，这里不再讲述，添加效果如图 7-198 所示。

图 7-198　添加人物素材效果

7.5.5 最终调整

场景的效果基本制作完成，但仔细检查场景会发现仍有不足，需要进行最终调整。

1. 调整水面

（1）设置前景色，如图 7-199 所示，新建图层并填充前景色，选择水面部分，单击■按钮，添加图层蒙版，设置图层的颜色混合模式为【排除】，设置【填充】为 50%，如图 7-200 所示。

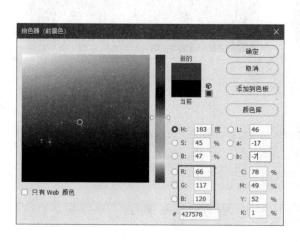

图 7-199　设置前景色　　　　　　　图 7-200　添加图层蒙版

（2）调整图层的顺序，水面效果如图 7-201 所示。

图 7-201　水面效果

2.　调整草地和水石

(1) 选择草地所在图层，设置前景色为白色，选择图层蒙版缩览图，使用【画笔工具】调整草地和花坛相接处，使之更加自然，如图 7-202 和图 7-203 所示。

图 7-202　调整图层蒙版前

图 7-203　调整图层蒙版后

(2) 使用类似的方法调整其他地方的草地效果，使用【加深工具】调整水石的颜色，加强对比，调整效果如图 7-204 所示。

图 7-204　调整草地和水石效果

3．调整铺路

（1）在素材库中找到铺砖素材，如图 7-205 所示。

图 7-205　铺砖素材

（2）复制该素材并排列，合并这些图层，按 Ctrl+T 键添加【变换】命令，单击右键，在右键菜单中选择【扭曲】命令，如图 7-206 所示，调整铺路形状，如图 7-207 所示。

技 巧：在调整时，可以结合【变形】等命令进行调整，加快调整速度。

图 7-206　添加【扭曲】命令

图 7-207　调整铺路形状

（3）继续使用同样的方法调整铺路效果，如图 7-208 所示。

图 7-208　调整铺路效果 1

（4）合并铺路素材图层，调整图层的次序，使用【加深工具】和【减淡工具】调整铺路效果，如图 7-209 所示。

（5）使用类似的方法调整其他地方的铺路效果，如图 7-210 所示。

图 7-209　调整铺路效果 2

图 7-210　调整铺路效果 3

4. 调整喷泉

喷泉水的颜色太暗，需要调亮。

（1）按 Ctrl+U 键添加【色相/饱和度】命令，调整参数，如图 7-211 所示，效果如图 7-212 所示。

图 7-211　调整【色相/饱和度】参数

图 7-212　调整色相/饱和度参数效果

（2）使用【套索工具】选择一部分喷泉水区域，复制并放到合适位置，使用【橡皮擦工具】擦除多余部分，效果如图 7-213 所示。

图 7-213　调整喷泉效果

5. 添加人物素材

再次为场景添加人物素材，效果如图 7-214 所示。

图 7-214　添加人物素材

6. 强化场景氛围

（1）选择【背景拷贝】图层，新建图层，设置前景色，如图 7-215 所示，选择如图 7-216 所示区域。

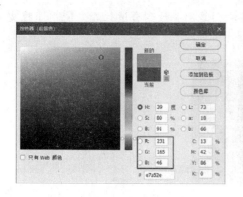

图 7-215　设置前景色　　　　　　　　图 7-216　选择区域

(2) 使用【渐变工具】制作由前景色到透明色的线性渐变，如图 7-217 所示，设置【填充】为 10%，如图 7-218 所示。

图 7-217　制作渐变 1　　　　　　　　　　图 7-218　设置图层属性效果 1

(3) 在场景的最上层新建图层，再次使用【渐变工具】制作由前景色到透明色的线性渐变，如图 7-219 所示。

图 7-219　制作渐变 2

(4) 设置图层的颜色混合模式为【线性减淡】，设置【填充】为 8%，如图 7-220 所示。

(5) 新建图层，使用【画笔工具】在场景中涂抹，如图 7-221 所示。

图 7-220　设置图层属性效果 2　　　　　　图 7-221　涂抹场景

（6）设置图层的颜色混合模式为【颜色减淡】，设置【填充】为 10%，如图 7-222 所示。

图 7-222　设置图层属性效果 3

（7）观察场景觉得水面还需要调整，新建图层，设置前景色，如图 7-223 所示，使用【画笔工具】在需要调整的水面处涂抹，删除多余部分，调整图层的次序，设置图层的颜色混合模式为【正片叠底】，效果如图 7-224 所示。

图 7-223　设置前景色

图 7-224　设置图层属性效果 4

（8）按 Ctrl+Shift+Alt+E 键合并可视图层，选择【滤镜】|【模糊】|【动感模糊】命令，设置参数，如图 7-225 所示，设置图层的颜色混合模式为【柔光】，设置【填充】为 39%，如图 7-226 所示。

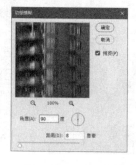

图 7-225　设置参数

图 7-226　设置图层属性效果 5

(9) 再次按 Ctrl+Shift+Alt+E 键合并可视图层，选择【滤镜】|【锐化】|【USM 锐化】命令，设置参数，如图 7-227 所示，效果如图 7-228 所示。

图 7-227　设置参数

图 7-228　设置锐化效果

7.5.6 最终效果

本案例最终效果如图 7-229 所示。

图 7-229　最终效果

第8章
滨海广场景观表现

本案例将通过鸟瞰的方式来制作滨海广场的景观。在制作室外鸟瞰效果图时，不仅要考虑所添加配镜的类型，还要考虑整个场景中布局的合理性，突出建筑造型本身的特点。本例结合 3ds max 和 Photoshop 软件展示建筑鸟瞰效果图的制作，最终效果如图 8-1 所示。

图 8-1　滨海广场景观表现最终效果

8.1 创建摄影机

　　首先应创建摄影机，以确定最终渲染的角度和方位。在摄影机的选择方面采用目标摄影机。

　　(1) 打开配套资源中名称为【滨海广场模型.max】的三维模型，如图 8-2 所示。

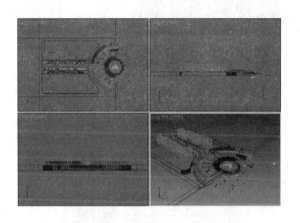

图 8-2　小区黄昏表现模型

　　(2) 单击■按钮，进入摄影机创建面板。单击　目标　按钮，在顶视图拖动光标到合适位置，这样就创建了一架目标摄影机，如图 8-3 所示。

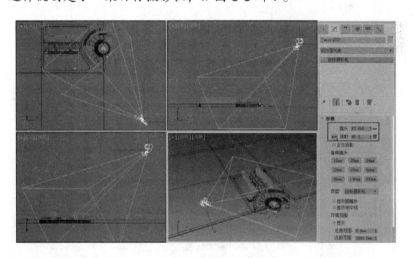

图 8-3　创建摄影机

　　(3) 为了观察方便，把四视图调整为三视图，设置这三个视图分别为顶视图、前视图和摄影机视图。调整摄影机和目标点的高度和位置，打开摄影机视图的安全框显示，如图 8-4 所示。

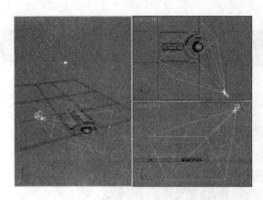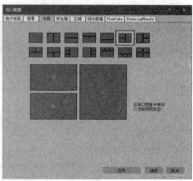

图 8-4　调整摄影机高度位置

（4）打开【渲染设置】对话框，设置渲染测试的【输出大小】参数，如图 8-5 所示。

图 8-5　调整【输出大小】参数

（5）选择摄影机视图，单击■按钮，渲染效果如图 8-6 所示。

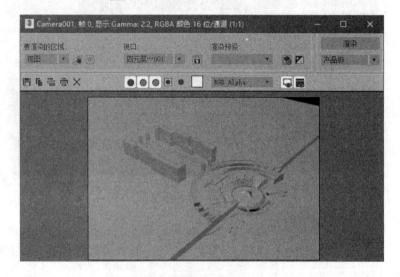

图 8-6　渲染摄影机视图

8.2 材质编辑

8.2.1 指定 VRay 渲染器

本案例要用到 VRay 渲染器，按快捷键 F10，在弹出的对话框中选择【公用】选项卡，打开【指定渲染器】卷展栏，单击██按钮，选择 V-Ray 渲染器，如图 8-7 所示。

图 8-7　指定 VRay 渲染器

本案例的场景较为复杂，需要把场景分为建筑和地面两个部分来制作。

8.2.2 编辑建筑部分材质

为了避免对摄影机的误操作，按 Shift+C 快捷键，暂时隐藏摄影机。

1. 墙面 1 材质

(1) 切换视图至透视视图，按 M 键打开材质编辑器，选择一个材质球，使用吸管工具得到墙面 1 材质，如图 8-8 所示。

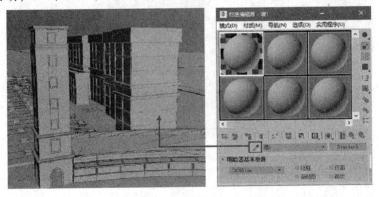

图 8-8　吸取材质球

（2）编辑墙面 1 的材质，墙面 1 材质为墙漆材质，设置明暗器类型为（P）Phong，在【漫反射】颜色通道中添加一张墙面纹理位图，设置【高光级别】为 30，【光泽度】为 16，如图 8-9 所示。

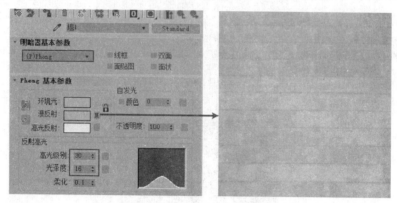

图 8-9　编辑墙面 1 材质

（3）单击 按钮，单击 选择 按钮，选择模型，如图 8-10 所示。

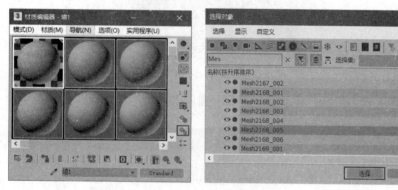

图 8-10　选择模型

（4）在修改面板中添加【UVW 贴图】修改器，设置参数，如图 8-11 所示。

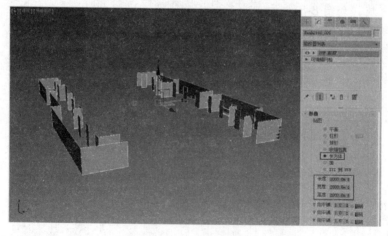

图 8-11　设置参数

(5) 为了方便观察，单击 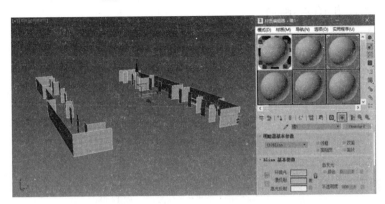 按钮，显示纹理，效果如图 8-12 所示。

图 8-12　显示纹理

(6) 为了避免遗漏材质，单击右键，在弹出的右键菜单中选择【隐藏当前选择】命令，隐藏当前模型，效果如图 8-13 所示。

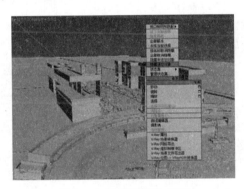

图 8-13　隐藏选择的模型

2．墙面 2 材质

(1) 使用同样的方法吸取模型的材质，得到墙面 2 材质，如图 8-14 所示。

图 8-14　吸取墙面 2 材质

（2）在【漫反射】颜色通道中添加一张墙面纹理位图，设置【高光级别】为 30，【光泽度】为 16，如图 8-15 所示。

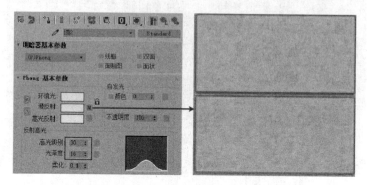

图 8-15　设置墙面 2 材质

（3）以【实例】的方式复制贴图至【凹凸】通道中，设置凹凸【数量】为 60，如图 8-16 所示。

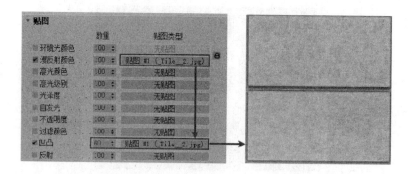

图 8-16　复制贴图

（4）在修改面板中添加【UVW 贴图】修改器，设置参数，如图 8-17 所示。

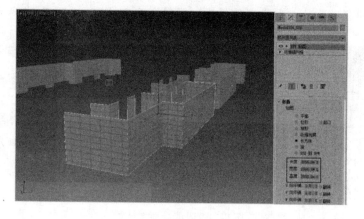

图 8-17　设置参数

（5）隐藏此材质所对应模型。

3. 墙面 3 材质

（1）使用同样的方法吸取模型的材质，得到墙面 3 材质。

（2）结合本案例的表现角度，把墙面 3 材质简单编辑一下即可。在【漫反射】颜色通道中添加一张墙面纹理位图，设置【高光级别】为 30,【光泽度】为 16，如图 8-18 所示。

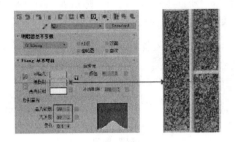

图 8-18　设置墙面 3 材质

（3）以【实例】的方式复制贴图至【凹凸】通道中，设置凹凸【数量】为 60，如图 8-19 所示。

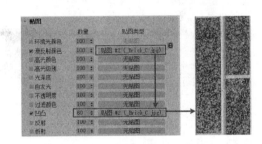

图 8-19　复制贴图

（4）在修改面板中添加【UVW 贴图】修改器，设置参数，如图 8-20 所示。

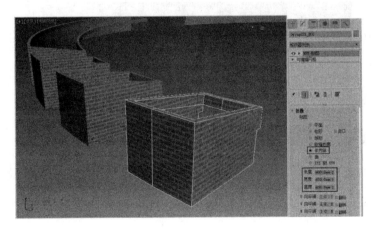

图 8-20　设置参数

（5）隐藏此材质所对应模型。

4．墙面 4 材质

（1）使用同样的方法，得到墙面 4 材质。在【漫反射】颜色通道中添加一张墙面纹理位图，设置【高光级别】和【光泽度】参数，如图 8-21 所示。

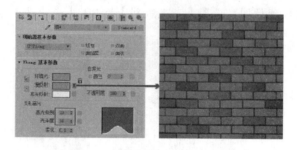

图 8-21　设置墙面 4 材质

（2）以【实例】的方式复制贴图至【凹凸】通道中，设置凹凸【数量】为 30，如图 8-22 所示。

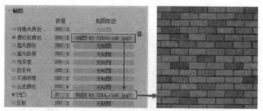

图 8-22　添加凹凸贴图

（3）在修改面板中添加【UVW 贴图】修改器，设置参数，如图 8-23 所示。

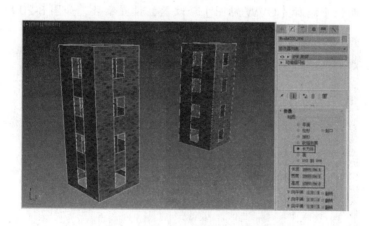

图 8-23　设置参数

(4) 隐藏此材质所对应模型。

5. 墙面 6 材质

(1) 使用同样的方法，得到墙面 6 材质。在【漫反射】颜色通道中添加一张墙面纹理位图，设置【高光级别】和【光泽度】参数，如图 8-24 所示。

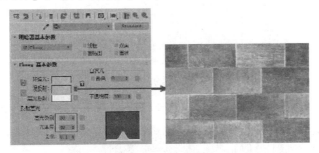

图 8-24　设置墙面 6 材质

(2) 在修改面板中添加【UVW 贴图】修改器，设置参数，如图 8-25 所示。

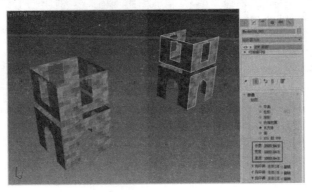

图 8-25　设置参数

(3) 隐藏此材质所对应模型。

6. 墙面 8 材质

(1) 使用同样的方法，得到墙面 8 材质。在【漫反射】颜色通道中添加一张墙面纹理位图，设置【高光级别】和【光泽度】参数，如图 8-26 所示。

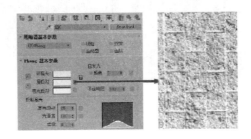

图 8-26　设置墙面 8 材质

（2）以【实例】的方式复制贴图至【凹凸】通道中，设置凹凸【数量】为 60，如图 8-27 所示。

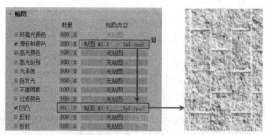

图 8-27　添加凹凸贴图

（3）在修改面板中添加【UVW 贴图】修改器，设置参数，如图 8-28 所示。

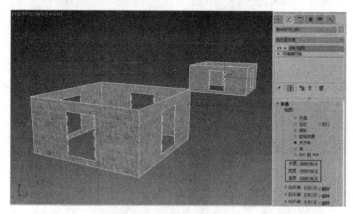

图 8-28　设置参数

（4）隐藏此材质所对应模型。

7．外轮廓材质

（1）使用同样的方法得到外轮廓材质，在【漫反射】颜色通道中添加一张轮廓纹理位图，设置【高光级别】和【光泽度】参数，如图 8-29 所示。

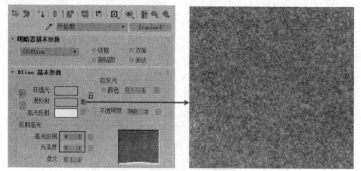

图 8-29　设置外轮廓材质

(2) 在修改面板中添加【UVW 贴图】修改器，设置参数，如图 8-30 所示。

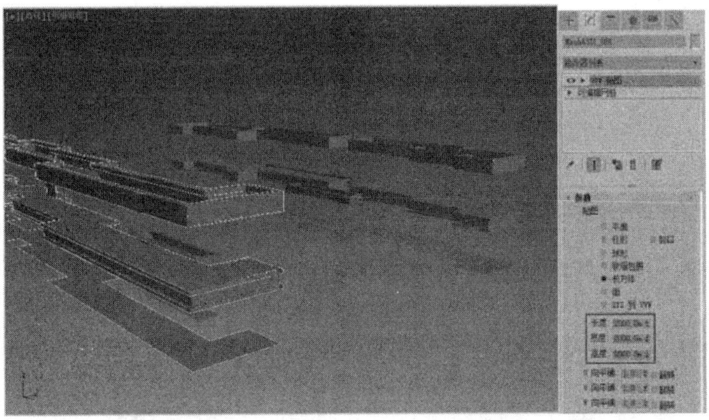

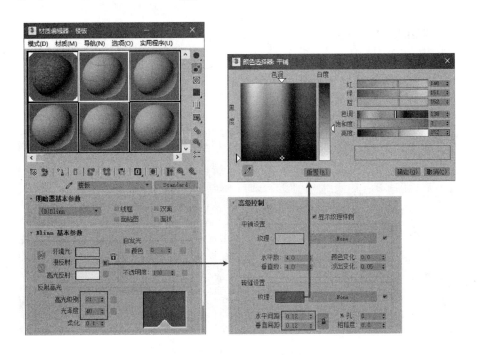

图 8-30　设置参数

(3) 隐藏此材质所对应模型。

8. 楼层板材质

(1) 使用同样的方法得到楼层板材质。设置【高光级别】为 21，【光泽度】为 40，在【漫反射】颜色通道中添加平铺贴图并设置，打开【高级控制】卷展栏，设置【平铺设置】的【纹理】颜色为【红：】148、【绿：】151、【蓝：】152，设置【砖缝设置】的【水平间距】和【垂直间距】为 0.12，单击 ◉ 按钮，显示纹理，如图 8-31 所示。

图 8-31　设置楼层板材质

（2）隐藏此材质所对应模型。

9. 玻璃材质

（1）使用材质库中的场景材质得到玻璃材质，勾选【双面】选项，设置【漫反射】颜色和【高光反射】颜色，设置【高光级别】为 88，【光泽度】为 36，设置【不透明度】为 56，单击▣按钮，显示背景，如图 8-32 所示。

（2）隐藏此材质所对应模型。

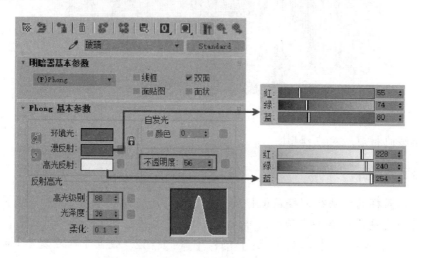

图 8-32　设置玻璃材质

10. 窗框材质

（1）使用以上的方法得到窗框材质，在【漫反射】颜色通道中添加一张纹理位图，设置【高光级别】的值为 8，【光泽度】的值为 12，如图 8-33 所示。

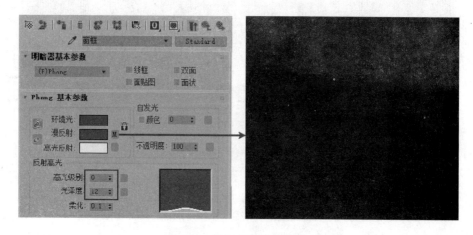

图 8-33　设置材质基础参数

（2）隐藏此材质所对应模型。

至此，建筑模型的材质编辑完成，下面编辑地面部分模型的材质。

8.2.3 编辑地面部分材质

地面模型材质的切换方法和建筑部分模型材质的切换方法一致。

1. 草地材质

草地效果准备在后期中制作，这里简单设置一下即可。

（1）使用材质切换的方法得到草地材质，为【漫反射】贴图通道添加一张位图贴图，设置【高光级别】的值为 18，【光泽度】的值为 34，如图 8-34 所示。

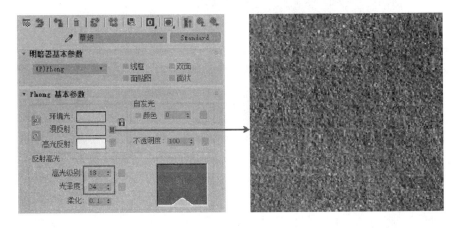

图 8-34　设置草地材质

（2）在修改面板中添加【UVW 贴图】修改器，设置参数，如图 8-35 所示。

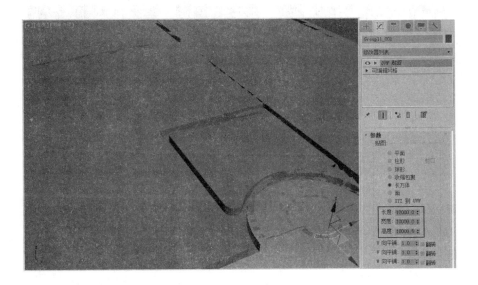

图 8-35　添加修改器

（3）选择此材质球所对应模型并隐藏。

2. 水材质

水材质的表现需要表达的效果有通透、反射、折射等。

（1）使用同样的方法得到水材质，设置【漫反射】颜色和【高光反射】颜色，设置【高光级别】和【光泽度】参数，如图 8-36 所示。

（2）选择此材质所对应模型并隐藏。

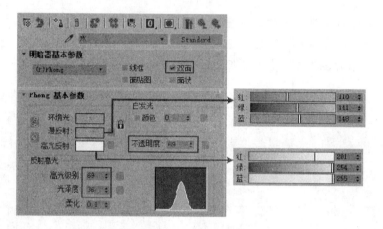

图 8-36　设置水材质

3. 水底材质

（1）使用同样的方法得到水底材质，在【漫反射】颜色通道中添加一张位图，裁剪位图，设置【高光级别】和【光泽度】参数，单击█按钮，显示纹理，如图 8-37 所示。

图 8-37　设置水底材质

（2）选择池边材质所对应模型，在修改面板中添加【UVW 贴图】修改器，设置参数，如图 8-38 所示。

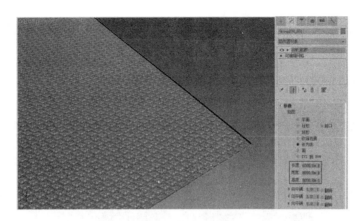

图 8-38 设置参数

(3) 隐藏所选择的模型。

4. 马路材质

(1) 使用材质切换的方法得到马路材质,为【漫反射】贴图通道添加一张位图贴图,设置【高光级别】的值为 34,【光泽度】的值为 25,如图 8-39 所示。

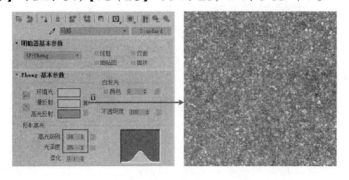

图 8-39 设置马路基础材质

(2) 选择马路材质所对应模型,在修改面板中添加【UVW 贴图】修改器,设置参数,如图 8-40 所示。

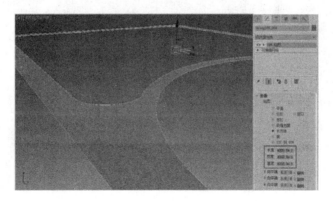

图 8-40 添加【UVW 贴图】修改器

5. 地砖 1 材质

（1）使用同样的方法得到地砖 1 材质，在【漫反射】颜色通道中添加一张地砖位图，设置【高光级别】为 30，【光泽度】为 16，如图 8-41 所示。

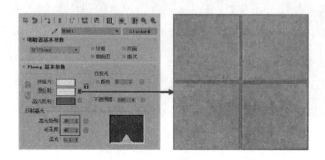

图 8-41　设置地砖 1 材质

（2）以【实例】的方式复制贴图至【凹凸】通道中，设置凹凸【数量】为 60，如图 8-42 所示。

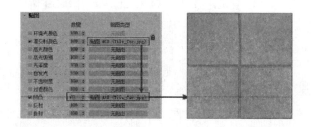

图 8-42　复制贴图

（3）选择地砖 1 材质所对应模型并添加【UVW 贴图】修改器，设置参数，单击 ▣ 按钮，显示纹理，如图 8-43 所示。隐藏此材质所对应模型。

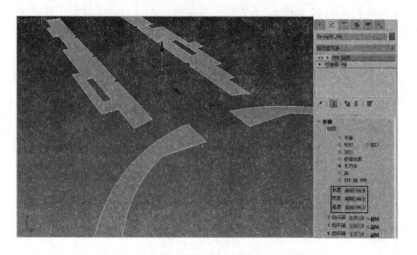

图 8-43　设置参数

6. 地砖2材质

（1）使用同样的方法切换至地砖2材质，在【漫反射】颜色通道中添加一张地砖位图，设置【高光级别】为17，【光泽度】为34，如图8-44所示。

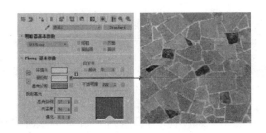

图 8-44　设置地砖2材质

（2）以【实例】的方式复制贴图至【凹凸】通道中，设置凹凸【数量】为60，如图8-45所示。

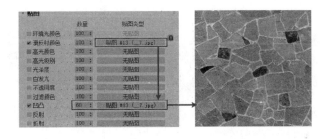

图 8-45　复制贴图

（3）选择地砖2材质所对应模型并添加【UVW贴图】修改器，设置参数，单击 按钮，显示纹理，如图8-46所示。

（4）隐藏此材质所对应模型。

图 8-46　设置参数

7. 地砖 3 材质

（1）使用同样的方法切换至地砖 3 材质球，在【漫反射】颜色通道中添加一张地砖位图，设置【高光级别】为 30,【光泽度】为 40，如图 8-47 所示。

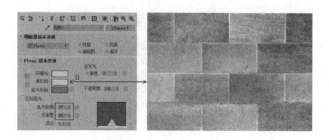

图 8-47　设置地砖 3 材质

（2）以【实例】的方式复制贴图至【凹凸】通道中，设置凹凸【数量】为 60，如图 8-48 所示。

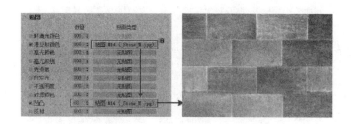

图 8-48　复制贴图

（3）选择地砖 3 材质所对应模型并添加【UVW 贴图】修改器，设置参数，单击■按钮，显示纹理，如图 8-49 所示。

（4）隐藏此材质所对应模型。

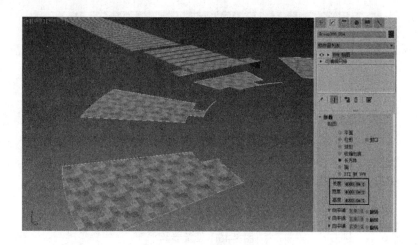

图 8-49　设置参数

8．地砖 4 材质

(1) 使用同样的方法切换至地砖 4 材质球，在【漫反射】颜色通道中添加一张地砖位图，设置【高光级别】为 30，【光泽度】为 40，如图 8-50 所示。

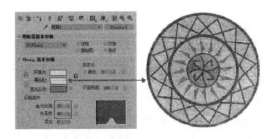

图 8-50　设置地砖 4 材质

(2) 以【实例】的方式复制贴图至【凹凸】通道中，设置凹凸【数量】为 60，如图 8-51 所示。

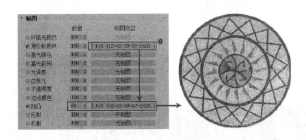

图 8-51　复制贴图

(3) 选择地砖 4 材质所对应模型并添加【UVW 贴图】修改器，设置参数，单击 ■ 按钮，显示纹理，如图 8-52 所示。

(4) 隐藏此材质所对应模型。

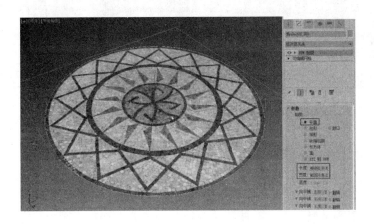

图 8-52　设置参数

9. 大理石边材质

（1）使用材质切换的方法得到大理石边材质，为【漫反射】贴图通道添加一张位图贴图，设置【高光级别】的值为 30，【光泽度】的值为 40，如图 8-53 所示。

图 8-53　设置大理石边基础材质

（2）选择大理石边材质所对应模型，在修改面板中添加【UVW 贴图】修改器，设置参数，如图 8-54 所示。

图 8-54　添加 UVW 贴图修改器

（3）隐藏此材质所对应模型。

10. 底面材质

底面材质的表现非常简单，它便不作为场景的主体出现在视图中，主要是为了巩固其他模型才建立起来的。

(1) 使用同样的方法得到地面材质，设置【漫反射】颜色和【高光反射】颜色，设置【高光级别】的值为 46 和【光泽度】的值为 20，如图 8-55 所示。

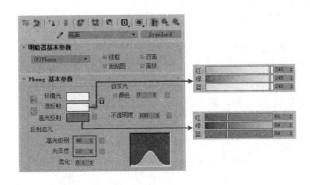

图 8-55　设置底面材质基本参数

(2) 选择此材质所对应模型并隐藏。

11. 木凳材质

该材质具有木材类的基本特点，材质有一点的纹理凹凸效果、反射光较大。

(1) 使用同样的方法得到木凳材质，在此材质球的【漫反射】颜色通道中添加一张木纹位图，设置【高光级别】和【光泽度】参数，单击按钮，显示纹理，如图 8-56 所示。

(2) 以【实例】的方式复制贴图至【凹凸】通道中，设置凹凸【数量】为 60，如图 8-57 所示。

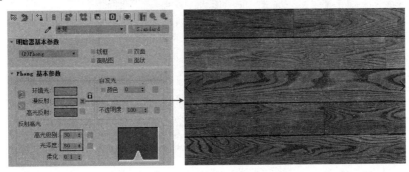

图 8-56　加载位图贴图

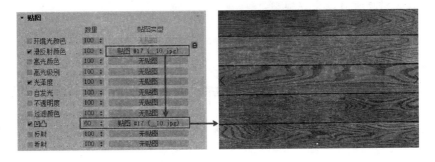

图 8-57　复制贴图

（3）选择此材质所对应模型，添加【UVW 贴图】修改器，设置参数，如图 8-58 所示。

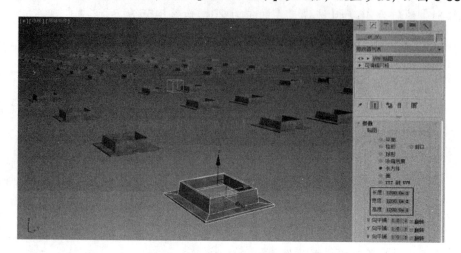

图 8-58　设置参数

（4）选择其中一个模型，选择 Gizmo，旋转 Gizmo，调整木纹的纹理方向，调整效果如图 8-59 所示。

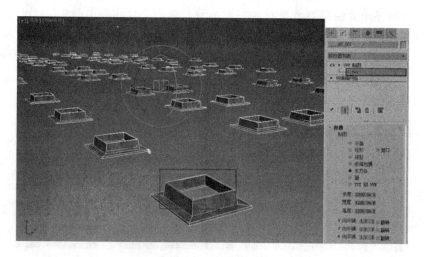

图 8-59　旋转 Gizmo

（5）隐藏此材质所对应全部模型。

12．木板路材质

（1）使用同样的方法得到木板路材质，在此材质球的【漫反射】颜色通道中添加一张木纹位图，设置【高光级别】和【光泽度】参数，单击◙按钮，显示纹理，如图 8-60 所示。

（2）以【实例】的方式复制贴图至【凹凸】通道中，设置凹凸【数量】为 60，如图 8-61 所示。

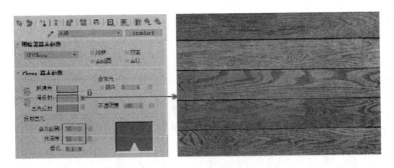

图 8-60　加载位图贴图

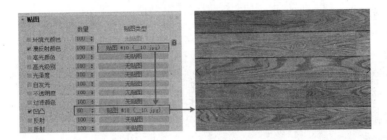

图 8-61　复制贴图

(3) 选择此材质所对应模型，添加【UVW 贴图】修改器，设置参数，如图 8-62 所示。

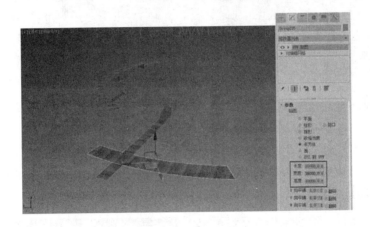

图 8-62　设置参数

(4) 隐藏此材质所对应全部模型。

13. 柱子材质

(1) 使用同样的方法得到柱子材质，在此材质球的【漫反射】颜色通道中添加一张位图，设置【高光级别】为 25，【光泽度】为 20，单击 ◉ 按钮，显示纹理，如图 8-63 所示。

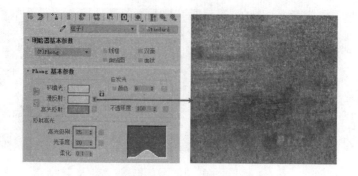

图 8-63　设置柱子材质

（2）为该材质所对应模型添加【UVW 贴图】修改器，设置参数，如图 8-64 所示。

图 8-64　设置参数

（3）隐藏所选择的模型。

14．锁链材质

（1）使用材质切换的方法得到锁链材质，为【漫反射】贴图通道添加一张位图贴图，设置【高光级别】的值为 30，【光泽度】的值为 40，如图 8-65 所示。

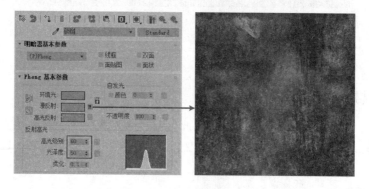

图 8-65　设置大理石边基础材质

（2）隐藏所选择的模型。

15. 砖 4 材质

（1）使用同样的方法切换至砖 4 材质球，在【漫反射】颜色通道中添加一张砖纹理，设置【高光级别】为 30，【光泽度】为 40，如图 8-66 所示。

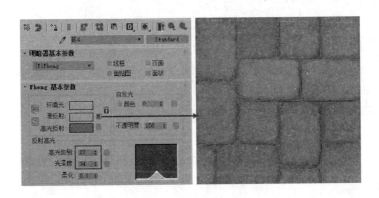

图 8-66　设置砖 4 材质

（2）以【实例】的方式复制贴图至【凹凸】通道中，设置凹凸【数量】为 30，如图 8-67 所示。

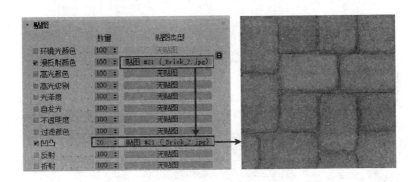

图 8-67　复制贴图

（3）选择砖 4 材质所对应模型并添加【UVW 贴图】修改器，设置参数，单击■按钮，显示纹理，如图 8-68 所示。

（4）隐藏此材质所对应模型。

16. 石材材质

（1）使用同样的方法切换至石材材质球，在【漫反射】颜色通道中添加一张石材纹理，设置【高光级别】为 30，【光泽度】为 40，如图 8-69 所示。

（2）选择石材材质所对应模型并添加【UVW 贴图】修改器，设置参数，单击■按钮，显示纹理，如图 8-70 所示。

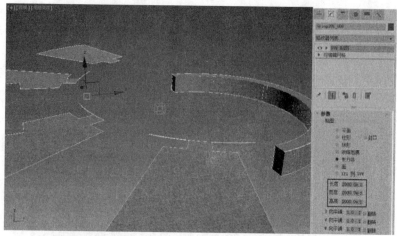

图 8-68　设置参数

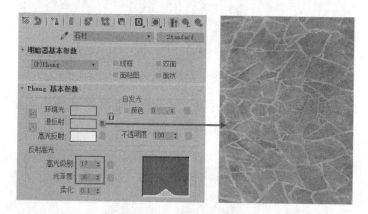

图 8-69　设置石材材质

图 8-70　设置参数

(3) 隐藏此材质所对应模型。

17. 砖6材质

(1) 使用同样的方法切换至砖6材质，在【漫反射】颜色通道中添加一张砖纹理，设置【高光级别】为25，【光泽度】为43，如图8-71所示。

(2) 选择砖材质所对应模型并添加【UVW 贴图】修改器，设置参数，单击 ◙ 按钮，显示纹理，如图8-72所示。

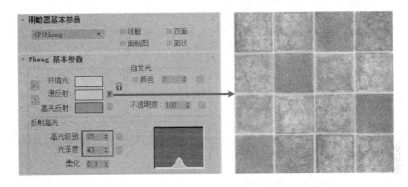

图 8-71　设置砖6材质

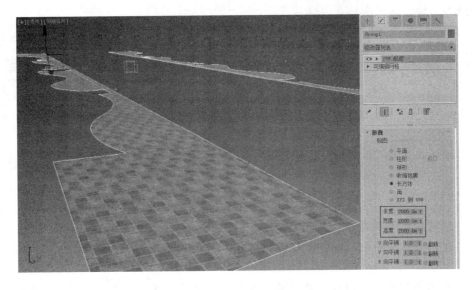

图 8-72　设置参数

(3) 隐藏此材质所对应模型。

18. 护栏金属材质

(1) 使用同样的方法得到护栏金属材质，在【漫反射】颜色通道中添加一张金属纹理贴图，设置【高光级别】为64，【光泽度】为35，如图8-73所示。

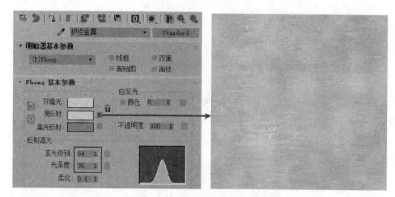

图 8-73　设置护栏金属材质

（2）隐藏此材质所对应模型。

19．软膜材质

（1）使用同样的方法得到软膜材质，设置【漫反射】颜色，设置【高光级别】的值为 30 和【光泽度】的值为 25，如图 8-74 所示。

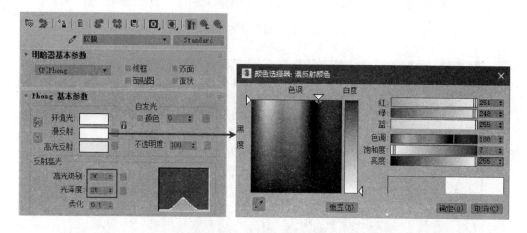

图 8-74　设置基础参数

（2）选择此材质所对应模型并隐藏。

20．雕花材质

（1）使用同样的方法得到雕花材质，在此材质球的【漫反射】颜色通道中添加一张浮雕位图，裁剪位图，设置【高光级别】和【光泽度】参数，单击■按钮，显示纹理，如图 8-75 所示。

（2）以【实例】的方式复制贴图到【凹凸】通道中，设置凹凸【数量】为 30，如图 8-76 所示。

（3）选择此材质所对应模型，添加【UVW 贴图】修改器，设置参数，如图 8-77 所示。

（4）隐藏所选择的模型。

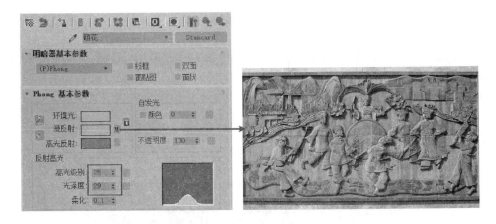

图 8-75　设置雕花材质

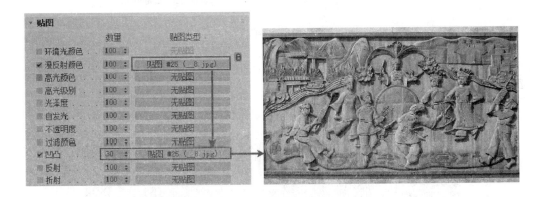

图 8-76　复制贴图

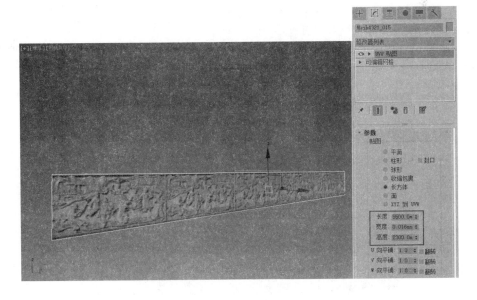

图 8-77　设置参数

21．浮雕材质

（1）使用同样的方法得到浮雕材质，在此材质球的【漫反射】颜色通道中添加一张浮雕位图，裁剪位图，设置【高光级别】和【光泽度】参数，单击 ▣ 按钮，显示纹理，如图 8-78 所示。

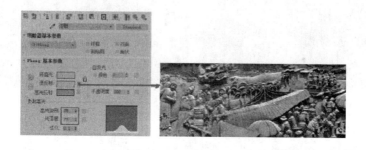

图 8-78　设置浮雕材质

（2）以【实例】的方式复制贴图到【凹凸】通道中，设置凹凸【数量】为 100，如图 8-79 所示。

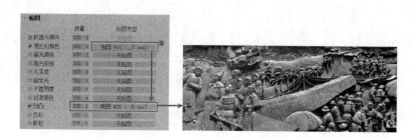

图 8-79　复制贴图

（3）选择此材质所对应模型，添加【UVW 贴图】修改器，设置参数，如图 8-80 所示。
（4）隐藏所选择的模型。

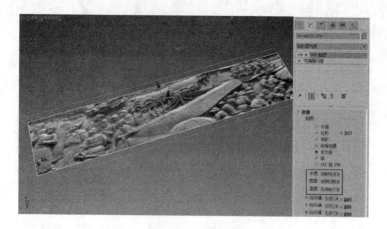

图 8-80　设置参数

8.2.4 检查场景情况

显示所有模型。渲染场景的不同角度，查看材质编辑情况，如图 8-81 和图 8-82 所示。

图 8-81　渲染透视视图效果

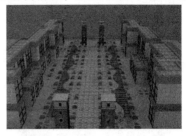
图 8-82　渲染摄影机视图效果

至此，场景的材质编辑完毕，其他没有讲解的材质读者可以参考配套资源中提供的源文件来进行学习。

8.3　渲染测试和灯光设置

8.3.1 渲染测试的设置

结合本案例的情况，渲染测试参数设置应尽量降低。

（1）打开【渲染设置】对话框，选择【VRay】选项卡，进行渲染测试的设置。

（2）打开【全局控制】卷展栏，取消勾选【隐藏灯光】选项，在【默认灯光】选项中选择【关闭 GI】，勾选【覆盖深度】选项，如图 8-83 所示。

（3）打开【图像采样器（抗锯齿）】卷展栏，设置【图像采样器】的【类型】为【块】，选择【图像过滤器】，设置【图像过滤器】为【区域】，如图 8-84 所示。

图 8-83　设置【全局控制】参数

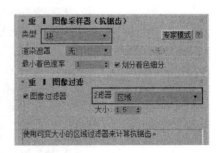
图 8-84　设置【图像采样器（抗锯齿）】参数

（4）打开【全局照明 GI】卷展栏，勾选【启用 GI（全局照明）】前面的复选框，如图 8-85 所示。

（5）打开【发光贴图】卷展栏，设置【发光贴图】参数，勾选【显示直接光】选项，如图 8-86 所示。

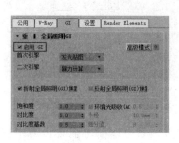

图 8-85　打开【全局照明 GI】卷展栏

图 8-86　设置【发光贴图】参数

（6）为了使场景有光线，需要把环境光打开，打开【环境】卷展栏，打开全局照明环境，如图 8-87 所示。

（7）打开【全局品控】卷展栏，设置【自适应数量】为 0.95，如图 8-88 所示。

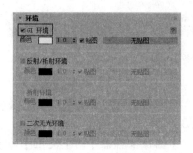

图 8-87　设置环境光

图 8-88　设置【全局品控】参数

（8）选择摄影机视图，渲染场景如图 8-89 所示。

图 8-89　渲染测试场景效果

（9）由于设置的参数过低，导致场景中有很多锯齿和黑斑，这将影响到对场景渲染结果的判断，需要调高渲染参数，如图 8-90 所示。

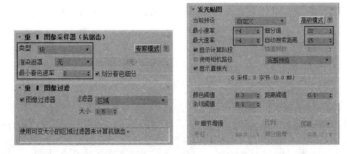

图 8-90　调高测试参数

（10）渲染摄影机视图，效果如图 8-91 所示。

图 8-91　提高参数后渲染摄影机视图效果

8.3.2 制作反射环境

为了给场景反射对象一个更好的反射环境，可以为场景添加反射贴图。

按 F10 键打开，打开【渲染设置】对话框，选择【VRay】选项卡，展开【环境】卷展栏，在【反射/折射环境】选项组中加载一张位图贴图，如图 8-92 所示。

图 8-92　添加反射环境贴图

8.3.3 主光源的设置

该案例是滨海广场日景时候的表现，所以主光源用目标聚光灯来模拟。

（1）在灯光面板中单击 目标聚光灯 按钮，在顶视图中合适位置单击，并拖动至建筑位置，为场景创建一盏目标聚光灯来模拟主光源，在前视图中调整目标聚光灯和目标点的高度，如图 8-93 所示。

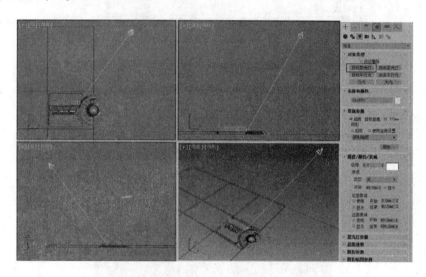

图 8-93　创建主光源并调整主光源高度

（2）进入修改面板，勾选【启用】阴影选项，在阴影下拉菜单中选择【阴影贴图】，设置灯光颜色参数，设置【聚光区/光束】为 18，设置【衰减区/区域】为 50，如图 8-94 所示。

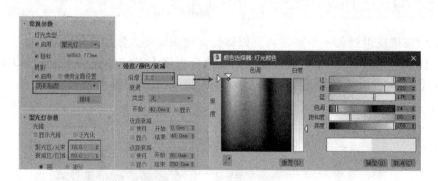

图 8-94　设置灯光参数

（3）渲染摄影机视图，渲染结果如图 8-95 所示。

（4）在灯光面板中单击 VRayLight 按钮，选择【穹顶光】类型，在顶视图中任意位置处单击鼠标创建一盏穹顶光来模型环境光，如图 8-96 所示。

图 8-95　渲染摄影机视图

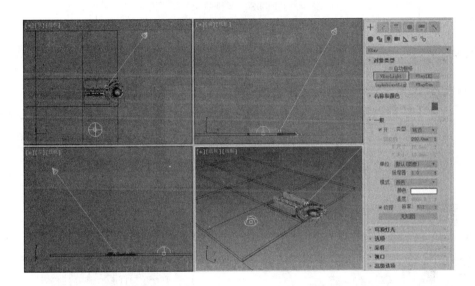

图 8-96　创建穹顶光

(5) 切换到修改面板对各参数进行修改，如图 8-97 所示。

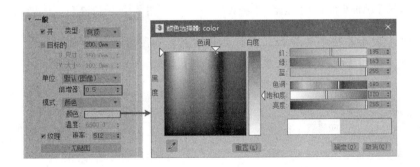

图 8-97　调整灯光参数

(6) 再次渲染摄影机视图，效果如图 8-98 所示。

图 8-98　调整效果

8.3.4 渲染小图

　　场景的大体效果已经制作出来，渲染一张精度略高的小图查看场景情况。

　　（1）打开【渲染设置】对话框，打开【VRay】选项卡，打开【图像采样器（抗锯齿）】卷展栏，设置【图像采样器】的【类型】为【块】，设置【图像过滤器】为 Mitchell-Netravali，如图 8-99 所示。

　　（2）打开【发光贴图】卷展栏，设置参数，如图 8-100 所示。

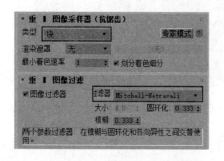

图 8-99　设置【图像采样器（抗锯齿）】参数

图 8-100　设置【发光贴图】参数

　　（3）打开【全局品控】卷展栏，进行参数设置，如图 8-101 所示。

　　（4）打开【公用】选项卡，设置【输出大小】参数，如图 8-102 所示。

图 8-101　设置【全局品控】参数

图 8-102　设置【输出大小】参数

（5）渲染摄影机视图，渲染效果如图 8-103 所示。

图 8-103　渲染效果

8.4　渲染输出

在渲染输出时，为了节约时间，可以采用先渲染一张小图并保存光子，然后调用保存的光子渲染出最终大图的方法。

（1）打开【渲染设置】对话框，打开【VRay】选项卡，设置渲染光子参数。

（2）打开【全局控制】卷展栏，勾选【不渲染最终的图像】选项，取消勾选【隐藏灯光】选项，在【默认灯光】选项中选择关闭 GI，如图 8-104 所示。

（3）打开【图像采样器（抗锯齿）】卷展栏，设置【图像采样器】的【类型】为【块】，关闭【图像过滤器】，如图 8-105 所示。

图 8-104　设置【全局控制】参数

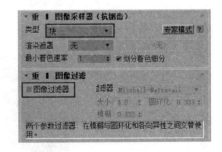

图 8-105　设置【图像采样器（抗锯齿）】参数

为了给后期调整留有余地，可以把图像的亮度降低。

（4）打开【VRay】卷展栏，设置参数，打开【颜色贴图】卷展栏，设置【类型】为【线性倍增】，设置【变暗倍增器】为 0.9，如图 8-106 所示。

（5）打开【发光贴图】卷展栏，设置参数，如图 8-107 所示。

图 8-106　设置参数　　　　　　　　　图 8-107　设置【发光贴图】参数

(6) 打开【暴力计算】卷展栏，设置【细分值】参数，如图 8-108 所示。

(7) 打开【全局品控】卷展栏，设置参数，如图 8-109 所示。

图 8-108　设置【暴力计算】参数　　　　　图 8-109　设置【全局品控】参数

(8) 打开【公用】选项卡，设置【输出大小】参数，如图 8-110 所示。

图 8-110　设置【输出大小】参数

(9) 渲染摄影机视图，渲染效果如图 8-111 所示。

图 8-111　渲染摄影机视图

(10) 调用保存的光子渲染出最终大图。打开【全局控制】卷展栏，取消勾选【不渲染最终的图像】选项。打开【图像采样器（抗锯齿）】卷展栏，设置【图像采样器】的【类型】为【块】，勾选【图像过滤器】选项，设置【图像过滤器】为 Mitchell-Netravali，如图 8-112 和图 8-113 所示。

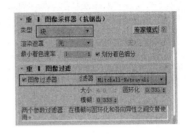

图 8-112　设置【全局控制】参数　　　图 8-113　设置【图像采样器（抗锯齿）】参数

(11) 由于在渲染光子时勾选了【切换到保存的地图】选项，所以，在光子渲染结束后，系统会自动调用光子，如图 8-114 所示。

图 8-114　自动调用光子

(12) 设置输出路径和【输出大小】参数，如图 8-115 所示。

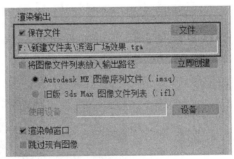

图 8-115　设置输出路径和【输出大小】参数

(13) 渲染摄影机视图，渲染结果如图 8-116 所示。

通过对渲染效果的观察，发现渲染的整体效果比较满意，不足的地方可以在后期中弥补。

（14）输出材质通道，保存为 TGA 格式，具体方法前面章节已经讲过，这里不再详述，渲染效果如图 8-117 所示。

图 8-116　渲染效果

图 8-117　材质通道

（15）在输出阴影通道时，把场景中的模型使用【无光/投影】材质方式，渲染出阴影通道，由于 VRay 渲染器和【无光/投影】材质不兼容，需要将渲染器设置为【默认扫描线渲染器】。为了保证阴影的清晰效果，设置灯光的阴影方式为【光线跟踪阴影】，设置【抗锯齿过滤器】为 Mitchell-Netravali，隐藏球天模型，设置如图 8-118～图 8-120 所示。

图 8-118　指定渲染器

图 8-119　设置灯光阴影

图 8-120　设置抗锯齿过滤器

（16）渲染摄影机视图，渲染效果如图 8-121 所示。

图 8-121　阴影通道

8.5　后期制作

后期制作的基本思路是先整体调整，再局部细节调整，最后再回到整体进行调整。

对于本案例来说，先要初步调整整体画面的亮度、替换原渲染的草地等，初步调整后再添加其他素材进行调整，最后调整局部不合适的地方，强化场景的氛围，完善场景。

在后期制作中，添加素材的方法是先整体后局部，首先添加占有大面积的地面部分素材，然后再添加局部的植物素材，在添加局部素材的同时调整场景其他部分的效果。

8.5.1 打开渲染图像

在进行后期处理时，需要将渲染出来的效果图和通道图片整理为一个场景图片。

（17）启动 Photoshop 应用程序，把渲染出来的最终效果图和通道图片打开，把通道图片拖动到渲染效果图中并对齐，调整图层的次序，如图 8-122 所示。

（18）分别双击通道图层的名称，把通道图层重新命名，选择【背景】图层，按 Ctrl+J 键复制【背景】图层，分别单击【图层 2】图层、【图层 1】图层和【背景】图层的 ◉ 图标，隐藏这三个图层，如图 8-123 所示。

> 提　示：在拖动图片到另一个图片中时，按住 Shift 键再拖动图片，可以自动对齐。

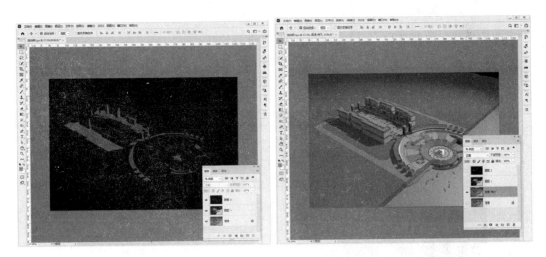

图 8-122　打开并拖动图片　　　　　　　　　图 8-123　隐藏图层

> 提　示：为了尽量不破坏原渲染效果图，需要复制【背景】图层，以便在后期处理过程中，对【背景副本】图层进行了误操作但又无法返回时，可以通过【背景】图层进行弥补。

8.5.2 初步调整

在添加素材丰富场景之前，可以先进行初步调整，以便适时调整将要添加到场景中的植物素材。

1. 调整亮度

通过对场景的观察，场景明显偏暗，需要调整亮度和对比度。

按 Ctrl+M 键，打开【曲线】对话框，调整【曲线】参数，如图 8-124 所示，效果如图 8-125 所示。

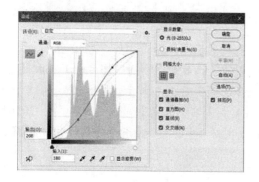
图 8-124　调整【曲线】参数

图 8-125　调整曲线参数效果

2. 调整局部效果

完成场景整体的调节后，分别对各局部效果进行校正。

（1）选择【魔棒工具】，在【图层 1】中选择如图 8-126 所示的区域；返回【背景副本】层，按 Ctrl+J 组合键将所选区域复制到新的图层，如图 8-127 所示。

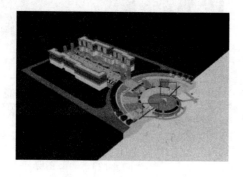
图 8-126　选择区域

图 8-127　复制选择区域

（2）按 Ctrl+M 键，打开【曲线】对话框，调整【曲线】参数，如图 8-128 所示，效果如图 8-129 所示。

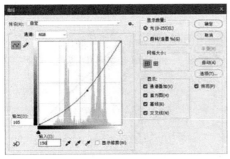

图 8-128 调整【曲线】参数

图 8-129 调整后效果

(3) 依照同样的方法在【图层 1】选择窗户玻璃部分,返回【背景副本】层,按 Ctrl+J 键将所选区域复制到新的图层,按 Ctrl+M 键,打开【曲线】对话框,调整【曲线】参数,效果如图 8-130 所示。

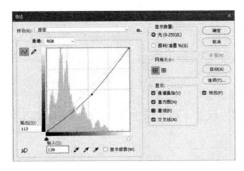

图 8-130 调整窗户玻璃效果

(4) 在【图层 1】中选择公路部分,返回【背景副本】层,按 Ctrl+J 键将所选区域复制到新的图层,按 Ctrl+M 键,打开【曲线】对话框,调整【曲线】参数,如图 8-131 所示;按 Ctrl+U 键,打开【色相/饱和度】对话框,调整【色相/饱和度】参数,如图 8-132 所示。

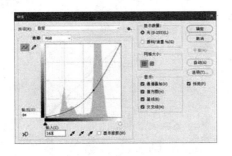

图 8-131 调整【曲线】参数

图 8-132 调整色相/饱和度参数

（5）调整后整体效果的修改步骤就完成了，效果如图 8-133 所示。

图 8-133　整体效果调整

3. 替换草地

原渲染图片的草地效果不够真实，需要替换。

（1）选择魔棒工具 ，设置【容差】为 5，取消【连续】选项勾选，如图 8-134 所示。

图 8-134　设置魔棒工具参数

（2）在素材库中找到草地素材，如图 8-135 所示，使用移动工具 移动到场景中，如图 8-136 所示

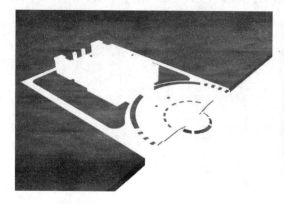

图 8-135　草地素材

图 8-136　移动到场景中

(3) 选择【图层 1】图层，单击该图层前面的 □ 图标，显示该图层，使用【魔棒工具】选择地面的草地部分，如图 8-137 所示。

图 8-137 选择草地部分

(4) 单击【材质通道】图层前面的 ◉ 图标，取消显示图层，单击【添加图层蒙版】按钮，添加图层蒙版，如图 8-138 所示。

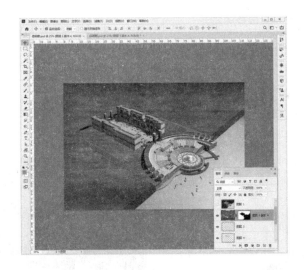

图 8-138 添加图层蒙版

> 提 示：按下 Shift+Ctrl+[快捷键，可将当前选择图层移至所有图层的上方，成为最顶层；按下 Ctrl+[快捷键，可以将当前选择图层上移一层；按下 Ctrl+] 快捷键，可以将当前选择图层下移一层；按下 Shift+Ctrl+] 快捷键，可将当前选择图层移至背景图层上方。

4．添加阴影

由于在替换原草地时，草地上面的投影也被覆盖，所以需要重新添加阴影。

（1）选择【图层 2】图层，单击该图层前面的▢图标，显示该图层，使用【魔棒工具】选择红色阴影部分，如图 8-139 所示。

（2）单击【图层 2】图层前面的◉图标，隐藏该图层，选择草地素材图层，单击⊞按钮，新建图层，设置前景色为黑色，填充前景色，按 Ctrl+D 键取消选择，调整【填充】为46%，如图 8-140 所示。

图 8-139　选择红色阴影部分

图 8-140　调整填充值阴影效果

5.　添加地形

由于场景添加大量的草地，整体效果一望无际，接下来为场景添加地形丰富场景。

（1）在素材库中找到山体素材，如图 8-141 所示，使用【移动工具】✛移动到场景中，如图 8-142 所示

图 8-141　山体素材

图 8-142　调入场景

（2）选择左侧草地区域，单击【添加图层蒙版】按钮，添加图层蒙版，如图 8-143 所示。

（3）在素材库中找到地面素材，如图 8-144 所示，使用移动工具✛移动到场景中，如图 8-145 所示

（4）选择后侧地面区域，单击【添加图层蒙版】按钮，添加图层蒙版，如图 8-146 所示。

图 8-143 添加图层蒙版

图 8-144 地面素材   图 8-145 调入场景

图 8-146 添加图层蒙版

(5) 在素材库中找到停车场素材, 如图 8-147 所示, 使用移动工具 ✛ 移动到场景中, 如图 8-148 所示。

图 8-147 停车场素材   图 8-148 移动到场景中

6. 添加植物素材

添加素材的方法有很多, 可以按照先添加远景素材, 再添加中景和近景素材的顺序, 也可以按照先添加较矮的灌木和花草, 再添加高大树木的顺序。

由于本案例准备好各种适当的素材，所以这里以较为方便的方法来制作。

（1）在素材库中找到"树 10"的后期素材，如图 8-149 所示，复制到后期的场景中，效果如图 8-150 所示。

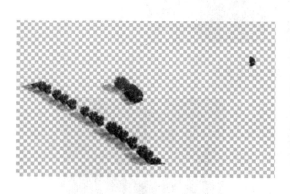

图 8-149　打开素材　　　　　　　　　图 8-150　复制效果

（2）使用同样的方法将素材"树 9"~"树 6"以及"树 1"几个素材添加到场景中，如图 8-151 所示。

图 8-151　添加树形素材

7. 添加海面部分

（1）在提供素材中选择"海平面"，并使用复制的方法添加到场景中，如图 8-152 所示。

（2）选择海面区域，单击【添加图层蒙版】按钮，添加蒙版图层，如图 8-153 所示。

（3）丰富海平面，为海面添加波浪效果。选择"海浪"素材用同样的方法添加到场景中，如图 8-154 所示。

8. 添加人物

把配套资源中提供的各人物素材以适当的顺序添加到场景中，如图 8-155 所示。

图 8-152　添加海平面素材

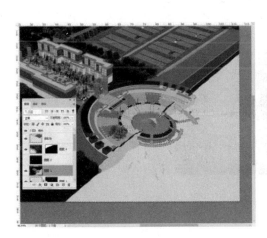

图 8-153　调整海平面素材

图 8-154　添加海浪效果

图 8-155　添加人物素材

8.5.3 后期修整

完成以上步骤后，整体的素材布满画面使场景效果丰富起来，下面根据不足的地方进行最后的调整，如图 8-156 所示。

图 8-156　不足之处

1.　完善海边沿

从图 8-156 可以发现，海边沿处过渡不自然，这里为了快速地处理好，可以使用植物素材来遮掩，如图 8-157 所示。

图 8-157　添加植物素材

2．丰富海面效果

从海面效果来看，整体比较呆板，缺乏活力，下面为它添加一些素材，使它活跃起来，如图 8-158 所示。

3．添加花坛植物

在提供素材中选择"花坛"，并使用复制的方法添加到场景中，如图 8-159 所示。

图 8-158　丰富海面效果

图 8-159　添加花坛植物

4．添加植物

图中所标位置处，画面较为空旷，为整体感觉比较饱满，添加适量的植物，如图 8-160 所示。

图 8-160　添加植物

5．添加小轿车

添加适当的小轿车使地面氛围活跃起来，如图 8-161 所示。

图 8-161　添加小轿车

6.　修正墙面材质

　　由于前面步骤将草地重新铺装，将原有的墙面覆盖了，这里将通过材质铺贴的方式修正墙面材质，如图 8-162 所示。

图 8-162　修正墙面材质

7.　修正广场拼花

　　在处理整个场景画面时，可以发现场景广场拼花同渲染效果不一样，这里通过后期处理的方式来解决，如图 8-163 所示。

8.5.4 最终效果处理

　　（1）在图层最上方处单击创建新的填充和调整图层 ◉ 按钮，打开【色彩平衡】对话框，并调整其中的参数，如图 8-164 所示。然后选择蒙版，按 Ctrl+I 组合键反相处理，按 B 键用黑色画笔涂抹排除的区域，如图 8-165 所示。

图 8-163　修正广场拼花

图 8-164　调整色相/饱和度　　　　　　　　　　图 8-165　调整蒙版

（2）再次单击创建新的填充和调整图层 ◑ 按钮，打开【色彩平衡】对话框，并调整其中的参数，如图 8-166 所示。然后选择蒙版，按 E 键用橡皮擦抹掉排除的区域，如图 8-167 所示。

图 8-166　调整色相/饱和度　　　　　　　　　　图 8-167　调整蒙版

（3）再次单击创建新的填充和调整图层 ◑ 按钮，打开【亮度/对比度】对话框，并调整其中的参数，如图 8-168 所示。然后选择蒙版，按 E 键用橡皮擦抹掉排除的区域，如图 8-169 所示。

（4）再单击创建新的填充和调整图层 ◑ 按钮，添加【亮度/对比度】，并调整其中的参数，如图 8-170 所示。

（5）最后为场景制作遮罩层，使视觉中心聚集到广场，如图 8-171 所示。

这样经过以上阶段的处理，整个效果就制作完成了，本案例最终效果如图 8-1 所示。

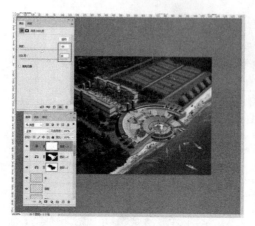

图 8-168　调整【亮度/对比度】

图 8-169　调整蒙版

图 8-170　调整【亮度/对比度】

图 8-171　添加遮罩层